B. d'Espagnat

Grundprobleme der gegenwärtigen Physik

Wissenschaftstheorie
Wissenschaft und Philosophie

Herausgegeben von
Prof. Dr. Simon Moser, Karlsruhe
und
Wiss. Rat Dr. Siegfried J. Schmidt, Karlsruhe

Verlagsredaktion:
Dr. Frank Lube, Braunschweig

Band 6

Band 1
Hans Reichenbach, Der Aufstieg der wissenschaftlichen Philosophie

Band 2
Rudolf Wohlgenannt, Was ist Wissenschaft?

Band 3
Siegfried J. Schmidt, Bedeutung und Begriff

Band 4
A.-J. Greimas, Strukturale Semantik

Band 5
B.G. Kuznecov, Von Galilei bis Einstein

Band 6
B.d'Espagnat, Grundprobleme der gegenwärtigen Physik

Band 7
H.J.Hummell/K.-D. Opp, Die Reduzierbarkeit von Soziologie auf Psychologie

Bernard d'Espagnat

Grundprobleme der gegenwärtigen Physik

Mit 3 Bildern

Friedr. Vieweg + Sohn · Braunschweig

Titel der französischen Originalausgabe:
Conceptions de la physique contemporaine

Übersetzung: Prof. Dr. F. Cap, Innsbruck

Friedr. Vieweg + Sohn GmbH, Burgplatz 1, Braunschweig
Pergamon Press Ltd., Headington Hill Hall, Oxford OX3 OBW
Pergamon Press Inc., Maxwell House, Fairview Park, Elmsford, New York 10523

ISBN 3 528 07306 3

1971

Druck: Heckners Verlag, Wolfenbüttel
Printed in Germany

Vorwort der Originalausgabe

Je weiter die Physik sich entwickelt, desto mächtiger werden ihr Beschreibungsvermögen und ihre Erfindungskraft, desto abstrakter werden ihre Prinzipien und desto mehr verlieren die Relationen der Realität und des Wissens die Farben falscher Evidenz, die sie am Beginn des wissenschaftlichen Zeitalters besaßen. Daraus resultiert sowohl bei den Fachleuten als auch beim Laien eine Zurückhaltung hinsichtlich der Bedeutung, die man den von der Physik verwendeten Begriffen und Formalismen gerechtfertigter Weise zuschreiben kann. Die mit einer Korpuskel assoziierte Welle, die Gleichung, der diese genügt, die Wahrscheinlichkeitstheorie, das Komplementaritätsprinzip, die Unschärferelationen, alle diese Begriffe und Entdeckungen haben seit einigen Dezennien die Berechnung subatomarer Phänomene präzise, quantitativ und effektiv gestaltet. Sie befriedigen auch, solange es nur um die Vorhersagen von Ergebnissen aus vorhergehenden Beobachtungsdaten geht. In anderer Hinsicht werfen sie jedoch schwierige Probleme auf: Sie sind nicht verträglich mit den Beschreibungen der Welt, die lange Gewohnheit unserem Denken vertraut gemacht hat. Die Prinzipien der Quantenmechanik, welche die Begriffe und Algorithmen, um die es sich handelt, in sich erfassen, haben aus diesem Grund keine für die objektive Betrachtung unmittelbar klare Bedeutung. Das Ziel des vorliegenden Buches ist es, in kurzer Form die möglichen Interpretationen einiger Axiome vorzustellen, die das Grundgerüst der Physik der Gegenwart bilden.

Obwohl für die Darstellungen in diesem Buch der Autor selbst verantwortlich ist, möchte dieser doch allen Freunden und Kollegen für ihre Anregungen und ihre Kritik danken. Besonderer Dank gilt dabei Herrn John S. Bell, Herrn und Frau Yves Goldschmidt-Clermont, Herrn Philippe Meyer und Herrn Léon Van Hove.

Vorwort zur deutschen Übersetzung

D'Espagnat hat in dem vorliegenden Buch die philosophische Diskussion der quantenmechanischen Grundlagen in dichter Form zusammengefaßt und analysiert. Das Grundproblem, um das es sich hierbei handelt, ergibt sich aus folgendem: Die zeitabhängige Schrödingergleichung gestattet uns, die künftigen Wahrscheinlichkeitsverteilungen physikalischer Größen (z. B. des Impulswertes) einer Gesamtheit von Partikeln vorauszusagen. Es liegt nun nahe anzunehmen, daß eine spätere Messung, welche diese Verteilungen bestätigt, nur die Zustände ans Licht hebt, welche auch *vor* dieser Messung bestanden haben – eben bestimmte Verteilungen von Größen auf die gegebenen Partikeln. Quantenmechanisch formuliert bedeutet dies, daß die Voraussagen, welche sich aus der ψ-Funktion (eines reinen Falles) auf Grund der genannten Schrödingergleichung errechnen lassen, mit denjenigen übereinstimmen, die sich aus einer echten Mischung (hier den scheinbar an sich bestehenden Verteilungen) und damit aus einer Reduktion des Wellenpaketes ergeben. Der Formalismus zeigt aber, daß im allgemeinen eine solche Übereinstimmung *nicht* vorliegt. Man kann also nicht sagen, daß auch dann, wenn keine Messung erfolgt ist, den einzelnen Partikeln der Gesamtheit bestimmte Werte physikalischer Größen zukommen und daß diese Gesamtheit aus einer echten Mischung von Verteilungen z. B. von Impulsgrößen besteht. In diesem Fall kommt daher den Partikeln kein bestimmter physikalischer Zustand zu, den man durch eine Ψ-Funktion oder einen Zustandsvektor beschreiben könnte.

Hieran entzündete sich der philosophische Streit. Denn muß man daraus nicht schließen, daß es keine objektive Realität gibt, die unabhängig vom messenden Beobachter existiert? Daß Sein „Gemessen-Werden" bedeutet? Die Positivisten sahen sich so in ihrer Überzeugung bestätigt; die Realisten konnten sich damit nicht abfinden.

Es besteht eine weitverbreitete Neigung unter den Physikern, solche Meinungsverschiedenheiten, wie sie in diesem Buch behandelt werden, als „Philosophengezänk" abzutun und sich im übrigen ganz auf den formalen Ausbau sowie die experimentelle Prüfung der bestehenden Theorie zu konzentrieren. Alles andere scheint ihnen mehr oder weniger Zeitverschwendung zu sein. Sie glauben dem Fortschritt der Wissenschaft am besten zu dienen, wenn sie einen erfolgreichen Formalismus erst aufgeben, sobald er versagt oder neue Entdeckungen zu seiner Abänderung zwingen. Sie übersehen aber dabei, was uns die Geschichte der Wissenschaft in reichem Maße lehrt: Daß nämlich ein bestehender Formalismus erst dann aufgegeben wird, wenn man durch sein Versagen in bereits vorliegenden Alternativvorstellungen bestärkt wird. Auch kann man überhaupt nur mit solchen Alternativvorstellungen etwas im alten Rahmen nicht mehr Interpretierbares und damit erst wahrhaft Neues suchen oder als *Begriffenes* finden. Diese Alternativvorstellungen, die keineswegs bereits zu einer ausgearbeiteten Theorie herangereift sein müssen, sind aber immer mit einem Wandel in der philosophischen Einstellung verknüpft.

Jedem Formalismus liegen nämlich zahlreiche Festsetzungen zugrunde, welche die Verwendung und die Geltung der Meßinstrumente, die Aufstellung mathematischer Funktionen auf Grund von Meßdaten, die Annahme von Axiomen, Kriterien der Falsifikation und Verifikation sowie allgemeine Eigenschaften, die eine Theorie überhaupt besitzen soll, betreffen. Diese Festsetzungen zu einer Theorie sind aber offenkundig philosophischer und insbesondere wissenschaftstheoretischer Art. Sie fallen übrigens auch nicht vom Himmel, sondern ergeben sich aus mannigfaltigen metatheoretischen Überlegungen. Will man also Alternativvorstellungen entwickeln, um damit neue Theorien zu erarbeiten und so dem wissenschaftlichen Fortschritt zu dienen, so muß man mit der Kritik dieser Grundlagen beginnen und ihnen begründet andere entgegensetzen. Philosophische Abstinenz, sehr oft berechtigt, führt also zur Sterilität, wenn sie zu einem allgemeinen methodischen Prinzip erhoben wird. Eben deswegen ist die in diesem Buch abgehandelte Diskussion, in der solche metatheoretischen Überlegungen zur Sprache kommen, alles andere als Spiegelfechterei oder vergeblicher metaphysischer Streit.

Wie mir scheint, bestätigen d'Espagnats Ausführungen, daß dann, wenn sich große physikalische Umbrüche vollziehen, besonders jene Festsetzungen eine Rolle spielen, welche die allgemeinen Eigenschaften einer Theorie überhaupt betreffen und die ich an anderer Stelle „normative Festsetzungen" genannt habe. Sie entscheiden über die Rolle der Anschaulichkeit, über empirische Sinnkriterien, die Erfüllung bestimmter Kausalprinzipien usf. D'Espagnat diskutiert vor allem die hiermit zusammenhängenden Fragen. Will man es auf eine kurze Formel bringen, so könnte man sagen: Der Positivismus, wie er hier zur Sprache kommt, verzichtet auf Anschaulichkeit, stellt als empirisches Sinnkriterium auf, daß eine Theorie nur Sätze über Meßbares oder Sätze, die auf solche zurückgeführt werden können, enthalten dürfe, und gibt das uneingeschränkte Kausalprinzip auf; der Realismus hingegen fordert Anschaulichkeit, läßt Aussagen über Unbeobachtbares zu und hält ein uneingeschränktes Kausalprinzip für unverzichtbar. Obwohl d'Espagnat nicht alle diese normativen Prinzipien zur Sprache bringt, so läßt sich doch den meisten Kapiteln dieses Buches entnehmen, wie sie ausgesprochen oder unausgesprochen in allen Einzelfragen ins Spiel kommen.

Dabei zeigt es sich, wie stark die philosophische Diskussion der Quantenmechanik noch im Flusse ist. Keiner der verschiedenen bisher vertretenen Standpunkte kann, wie d'Espagnat nachweist, vollkommen befriedigen. Vielleicht versucht man immer noch zu sehr, die überraschenden Implikationen des bestehenden Formalismus im Rahmen überkommener Schemata zu deuten, wie die Verwendung positivistischer, realistischer, aber auch platonischer, pythagoreischer Standpunkte usw. zeigt; während doch zu vermuten ist, daß ein radikales Umdenken in der Physik auch völlig neue philosophische Konzeptionen erforderlich macht.

Es wäre indessen ein Irrtum, wollte man annehmen, solche Konzeptionen könnten vorweg in einer von der Physik gelösten Reflexion erarbeitet werden. Hier muß der Warnung vor einer philosophiefreien Physik, wie sie soeben ausgesprochen wurde, diejenige vor einer physikfreien Philosophie auf dem Fuße folgen. Eine solche Philosophie würde alsbald der alten Versuchung unterliegen, danach zu fragen, was z. B. Anschauung, Sinn, Kausalität überhaupt *seien*, um dann die Notwendigkeit dessen, was so ist, zu beweisen. Die Geschichte der Wissenschaft zeigt aber zur Genüge, daß die Formen der Anschauung nicht feststehendes Wesensmerkmal *des* Menschen sind, sondern sich mit neuen Begriffen wandeln. Z. B. ist die „Anschauung" in der klassischen Physik etwas historisch Gewordenes und grundlegend von derjenigen etwa in der aristotelischen Physik verschieden. Wenn heute die Euklidizität des Weltraumes, das kopernikanische System oder die Gesetze der Mechanik der Vorstellung anschaulich keine Schwierigkeiten bereiten, ja völlig einleuchtend erscheinen, so ist dies nur die Folge einer allmählichen Einstellung der Anschauung auf einst völlig neue, in mühsamer Kleinarbeit und endlosen Debatten geschaffene Begriffe und Regeln. Auch die Anschauung in der aristotelischen Physik war nicht, wie man heute weithin annimmt, diejenige des Alltagsmenschen überhaupt, sondern es war diejenige des *antiken* Menschen. Genau so müssen auch Begriffe wie „empirischer Sinn", „Kausalität" usw. historisch verstanden werden. Die Philosophie läßt sich nicht – so wenig wie die eng mit ihr zusammenhängende Physik – davon befreien, daß sie nur in einer geschichtlich besonderen Lage einen Beitrag zum Versuche der Weltbewältigung zu leisten vermag. Sie wird also auch künftig im engsten Zusammenhang mit den Problemen, welche der bestehende Formalismus aufgibt, nach neuen Wegen suchen und sich dabei der Freiheit und Variabilität ihrer Konstruktionen bewußt bleiben müssen. Die Philosophie kann wenigstens auf diesem Feld nicht zum Ziele haben, ewige Strukturen zu erarbeiten, sondern sie sollte sich als ständiger und nie endgültig glückender Versuch verstehen, neue Antworten auf neue Situationen zu finden und neue Situationen herbeizuführen.

Die in d'Espagnats Buch behandelten Fragen sind aber keineswegs nur eine Angelegenheit der theoretischen Philosophie und Physik. Denn die geschichtliche Situation, der alle mit einer Theorie verknüpften Festsetzungen erwachsen und aus der allein sie verstehbar sind, muß in einem umfassenden, die Physik überschreitenden Zusammenhang gesehen werden. Auch der Positivismus, der Realismus, der Platonismus haben ihre ethischen, ästhetischen, theologischen und politischen Aspekte – um nur einige wenige zu nennen. Und so sehr sich d'Espagnat auch aus Gründen der Kürze bemüht, seinen Ausführungen enge Grenzen zu setzen, so geraten ihm solche Aspekte doch immer wieder unvermeidlich in den Blick. Man braucht nur an den dialektischen Materialismus zu denken, um sich zu erinnern, daß für diesen die Frage, ob die Quantenmechanik realistisch interpretierbar ist oder nicht, keine nur akademische Bedeutung hat. Schließlich ist die Rolle der Physik in der modernen Industriegesellschaft so überragend, daß die Folgen ihrer Deutung kaum überschätzt werden können.

Berlin, im Mai 1970 *Kurt Hübner*

Inhaltsverzeichnis

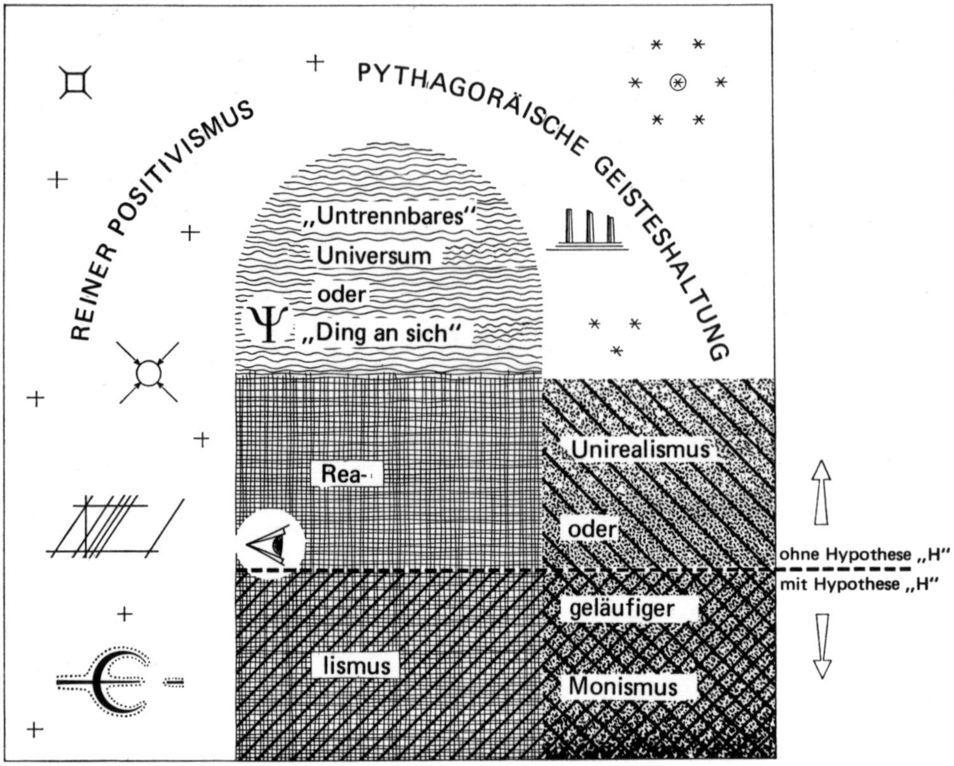

Unterliegt dem durch das Paradoxon von Einstein, Podolsky und Rosen bedingten Einwand

Schwierigkeiten bezüglich der Reduktion des Wellenpakets

Einleitung

Die Grundlage jeder Wissenschaft ist stets das auf ihrem Gebiet am wenigsten Erforschte. Was am ehesten anzweifelbar ist, sind nicht die verwickeltsten Anwendungen und Folgerungen, sondern die Gesamtheit der Elemente. Zu einem nicht übersehbaren Teil besteht der wahre geistige Gehalt der Wissenschaften sogar gerade in der Überwindung dieses ursprünglichen Mangels. So ist es zum Beispiel zweifelhaft, ob die als rational bezeichnete Mechanik jemals hätte geschaffen werden können, wäre dafür unentbehrlich gewesen, daß man die Begriffe Masse und Kraft wirklich begreifen könne. Auch die Theorie des Elektromagnetismus bietet ein sehr gutes Beispiel. Man staunt, wie diese Theorie im vergangenen Jahrhundert bei der vollkommenen Unkenntnis so vieler grundlegender, die Elektrizität betreffender Tatsachen einen so bemerkenswerten Aufschwung nehmen konnte.

Die Quantenmechanik, die quantitative Grundlage der Physik der Gegenwart, macht von dieser Regel keine Ausnahme. Obwohl ihre Fruchtbarkeit außer Zweifel steht, geben ihre Prinzipien doch Anlaß zur Diskussion und werden oft nur schlecht verstanden. Dieser Umstand ist glücklicherweise nicht schwerwiegend. Hier wie anderswo werden dadurch vollkommen richtige Entwicklungen und verifizierbare Ableitungen nicht verhindert, deren Exaktheit bis zur Stunde die Erfahrung stets bewiesen hat. Aus diesem sicher stichhaltigen Grund beunruhigen die ziemlich delikaten Probleme, die von der wirklichen Bedeutung der fundamentalen Prinzipien der Physik herrühren, die große Mehrheit der Physiker nicht im besonderen Maße. Dennoch darf man in der Praxis den Pragmatismus nicht übertreiben. Man riskiert dabei nämlich, daß man den Zugang zu den echten Problemen verfehlt und manche Aspekte der Phänomene nicht richtig beherrschen lernt, was manchmal die Urteilskraft beeinträchtigt und die Rechnung kompliziert. Aus diesem Grund ist unserer Meinung nach ein aufmerksames Studium der Prinzipien der Quantenmechanik und ihrer näheren und weiteren Implikationen gerechtfertigt. Wie jeder vernunftbegabte Mensch kann auch der Physiker hoffen, dort die Grundlagen für undogmatische, weder jemals endgültige noch jemals entbehrliche Antworten auf Fragen zu finden, die für jeden von uns inhaltsvoll sind, wie etwa die Frage nach den Beziehungen des Menschen zur Realität seiner Umwelt. Als Fachmann kann er daraus auch eine größere Sicherheit in der praktischen Handhabung der fundamentalen Axiome und einiger ihrer allgemeinen Implikationen gewinnen. Diese Handhabung ist nicht immer evident. Man denke zum Beispiel an die manchmal ziemlich subtilen Begriffe des Zustands eines Systems oder der damit verbundenen Quantenzahlen.

In der Folge werden keine modifizierten Quantenmechaniken untersucht werden, d.h. keine der Annahmen, die gemacht wurden, um die Quantenmechanik durch einige Modifikationen ihrer wesentlichsten Prinzipien der klassischen Mechanik weiter anzunähern. Bekanntlich beruht die Quantenmechanik auf dem Begriff der Wahrscheinlichkeit. Sie liefert eine indeterministische Darstellung der individuellen Ereignisse. Manche Forscher sehen darin einen Mangel des Formalismus. Die meisten Physiker aber – und wir schließen uns diesen an – teilen diese Meinung nicht. Für diese Mehrheit ist die in Frage stehende Disziplin im Gegenteil ein Werkzeug für eine vollständige und strenge Beschreibung der Phänomene. Sicher ist die Beschreibung weit von ihrer Vollendung entfernt, und ihre Ausarbeitung – zum Beispiel auf dem Niveau der Elementarteilchen – bringt weiterhin ernste Probleme mit sich. Aber keiner der besagten Physiker zweifelt daran, daß die physikalischen Entitäten, die er entdeckt oder erfindet, den Axiomen des Formalismus gehorchen. Bei einer derartigen Übereinstimmung ist offensichtlich die Erfassung der exakten Bedeutung der Prinzipien der Quantenmechanik äußerst wichtig. Was wir uns hier vorgenommen haben, ist ein Versuch zur Klärung dieser Frage.

Wegen der unvermeidbaren Obskurität, die den Grundlagen anhaftet, darf man sich vielleicht gar nicht wundern, wenn in diesem Bereich noch Probleme existieren. Der Gegenstand ist seit dem Beginn der Quantenmechanik von zahlreichen Autoren untersucht worden. Man darf allerdings nicht behaupten, daß er deshalb vollständig klar geworden wäre. Das beweist die Tatsache, daß in diesem Bereich von den kompetentesten Physikern sich widersprechende Behauptungen veröffentlicht worden sind. Obwohl es nicht ungefährlich ist, seine Argumentation auf Zitate zu stützen, bei denen der Zusammenhang mit dem übrigen Text fehlt, so glauben wir doch, daß schon die in der Aufstellung auf Seite 4 dargestellte Konfrontation in dieser Hinsicht bedeutsam ist. Was die Existenz der physikalischen Realität selbst betrifft, so ist, insofern dabei die Natur des Meßprozesses berührt wird, schwer zu leugnen, daß die in diesen Texten enthaltenen Meinungen miteinander unverträglich sind.

Für diese etwas trügerischen Mehrdeutigkeiten und Obskuritäten wollen wir eine Erklärung vorschlagen: Es ist nicht nur eine einzige Konzeption von den Beziehungen zwischen dem Menschen und der Welt möglich, es sind mehrere möglich. Jede davon entspricht einer eigenen Interpretation der Physik. Dabei ist nicht gesagt, daß alle diese Interpretationen bis zu ihrem Ziel geführt werden können. Aber sie können jedenfalls unternommen werden. Es ist die Gegenüberstellung all dieser parallel verlaufenden Bemühungen, welche die Verwirrung stiftet. Ein Beispiel ist hier vielleicht angebracht. Mit Schrödinger[135] gehen manche von der Vorstellung aus, daß „die Welt eine Konstruktion aus unseren Wahrnehmungen, Empfindungen und Erinnerungen ist". Für andere wieder ist *a priori* die Behauptung evident, daß es eine physikalische Realität gibt, die unter allen Umständen existiert, auch wenn kein Beobachter vorhanden ist. Es nimmt nicht wunder, daß unter anderem die Versuche einer Beschreibung des Meßprozesses ausgehend von diesen beiden Konzeptionen vom Universum verschieden sind.

Zusätzliche Verwirrung entsteht durch die Tatsache, daß viele Autoren ihre Ausgangsbasis für die einzig gültige zu halten scheinen und nur im Rahmen des Systems von allgemeinen Vorstellungen urteilen, das ihnen eigen ist. Wenn einer davon gewisse Ideen von einem anderen System entlehnt, dessen a priori-Annahmen verschieden sind, so muß das zu unliebsamen Obskuritäten führen. Es scheint uns zum Beispiel ziemlich evident, daß einige Anleihen bei Niels Bohr durch die „Realisten" von diesem Typ sind.

Aus allen diesen Gründen haben wir es als unerläßlich erachtet, die verschiedenen sich darbietenden Interpretationen zu trennen und einzeln darzustellen und jede davon explizit mit der ihr zugrunde liegenden Philosophie zu verbinden[1]). Da wir uns um die Grundlagen bemühen, müssen wir um jeden Preis die unlogische Vorgangsweise vermeiden, die sich ergibt, wenn man sich gleichzeitig auf zwei miteinander unverträgliche Systeme von Basisideen beruft. Sollten wir dadurch auch eine gewisse Schwerfälligkeit der Darstellung in Kauf nehmen müssen, so werden wir trotzdem auf dieser Forderung bestehen, von der sich elementare Darstellungen, wie es scheint, oft zu leichtfertig befreien.

Das folgende Werk ist an den Physiker gerichtet. Aus diesem Grunde werden die Schwierigkeiten in allen Einzelheiten untersucht und überall, wo es nötig ist, der mathematische Formalismus zu ihrer Beschreibung oder Lösung herangezogen. Der Autor glaubte jedoch nicht, darüber hinaus auch dort noch höhere mathematische Hilfsmittel hinnehmen zu müssen, wo eine klare Darlegung genügen mag. Daraus folgt, so hofft der Autor, daß dieser Essay für jeden zugänglich ist, der die Begriffe der Quantenmechanik, sei es auch nur summarisch, bereits kennt oder der gerade dabei ist, sich diese Begriffe anzueignen. Die erforderliche Anstrengung ist produktiv. Sie führt zu den fruchtbaren und neuen Ideen, die ohne Zweifel einen der bedeutsamsten Beiträge unseres Jahrhunderts zum System unserer Erkenntnisse bilden.

---

1) Die Zahl der Arbeiten, die bisher über diese Fragen publiziert wurden, ist beträchtlich, weshalb wir verzichten mußten, eine vollständige Bibliographie anzugeben. Doch findet man auf den Seiten diese Bandes die Referenzen mehrerer wichtiger und neuerer Arbeiten über das Problem.

E. Schrödinger	... für niemand vorhanden und daher mit anderen Worten nicht existent. *Mind and Matter* Cambridge Univ. Press, 1958
N. Bohr	... die Quantenmechanik, deren einziges Ziel die korrekte Beschreibung der Beobachtungen ist ... *Daedalus.* Proc. of the American Society of Art and Science 87, 164, 1958
W. Heisenberg	Die Konzeption von einer objektiven Realität der Elementarteilchen hat sich in befremdender Weise aufgelöst, und zwar nicht nur im Nebel der neuen Konzeption von der dunklen und schlecht erfaßbaren Realität, sondern auch in der durchsichtigen Klarheit einer Mathematik, die nicht mehr das Verhalten der Elementarteilchen selbst, sondern nur die Kenntnis darstellt, die wir davon haben. *La Nature dans la Physique Contemporaine,* Paris, Gallimard, 1962
E. P. Wigner	... Die Gesetze der Quantenmechanik liefern nur die Verknüpfung von Wahrscheinlichkeiten für die Ergebnisse von an einem System durchgeführten und aufeinanderfolgenden Beobachtungen. Natürlich ist es wahr, daß sich auch die Gesetze der klassischen Mechanik in Ausdrücken der Verknüpfung von Wahrscheinlichkeiten formulieren lassen. Sie lassen sich jedoch ebenso in Ausdrücken einer objektiven Realität formulieren. Der wichtige Umstand ist der, daß sich die Gesetze der Quantenmechanik nur in Ausdrücken der Verknüpfung von Wahrscheinlichkeiten formulieren lassen. *Am. Journ. of Phys.* 31, 6, 1963
F. London und E. Bauer	... Es ist also nicht eine geheimnisvolle Wechselwirkung zwischen der Apparatur und dem Objekt, die während der Messung ein neues Ψ des Systems erzeugt. Es ist nur das Bewußtsein eines „Ich" das sich von dieser alten Funktion Ψ (x,y,z) trennen und auf Grund seiner Beobachtung eine neue Objektivität dadurch bilden kann, daß dem Objekt in Zukunft eine neue Funktion $\varphi(x) = u_k(x)$ zugeordnet wird. *La theorie de l'observation en mechanique quantique,* Paris, Hermann, 1939

A. Einstein

. . . meine Auffassung von einer These, die von den gegenwärtigen Theoretikern verworfen wird: *Es gibt etwas wie einen „reellen Zustand"* eines physikalischen Systems, der objektiv existiert, unabhängig von jeder Beobachtung oder Messung, und der grundsätzlich mit den Ausdrucksmitteln der Physik beschrieben werden kann. [...] Diese die Realität betreffende These hat wegen ihrer „metaphysischen" Natur nicht den Sinn einer aus sich heraus klaren Aussage. Sie hat nur den Charakter eines Programms. Alle Menschen, auch die Quantentheoretiker, halten sich in der Tat fest an diese These über die Realität, solange sie nicht die Grundlagen der Quantenmechanik diskutieren.

Louis de Broglie, physicien et penseur.
Paris, Albin Michel, 1953

A. Messiah

Eine physikalische Theorie kann nicht den Anspruch auf Vollständigkeit erheben, wenn sie sich auf Vorhersagen von Beobachtungen beschränkt, die man bei diesem oder jenem Versuch macht. Zu Beginn jedes wissenschaftlichen Unternehmens setzt man das fundamentale Postulat, daß die Natur eine objektive Realität besitzt, die unabhängig von unseren Sinneswahrnehmungen oder unseren Forschungsbehelfen ist. Das Ziel der theoretischen Physik ist es, einen verständlichen Bericht von dieser objektiven Realität zu geben.

Mécanique quantique, Paris, Dunod, 1959

A. Messiah

. . . der Eingriff durch die Meßapparatur hat den dynamischen Zustand des der Messung unterliegenden Systems modifiziert.

Mécanique quantique, Paris, Dunod, 1959

Kurzer Überblick über die Prinzipien der Quantenmechanik

Die Formulierung der Prinzipien oder Axiome, welche die Grundlage der Physik bilden, findet man in einschlägigen Arbeiten. Unter der Voraussetzung, daß alle verwendeten Ausdrücke bekannt sind, kann man sie auf die folgende Weise kurz zusammenfassen:

A) Die Zustände eines physikalischen Systems werden durch Vektoren eines abstrakten linearen Vektorraums dargestellt, die man als Zustandsvektoren bezeichnet[1]).

B) Jede beobachtbare physikalische Größe entspricht einem linearen hermitischen Operator, der auf die oben angeführten Zustandsvektoren wirkt.

C) In jedem Zeitintervall zwischen zwei Messungen wird die Entwicklung des Systems durch die zeitabhängige Schrödingergleichung (oder durch deren relativistische Erweiterung) beschrieben.

D) Die Messung einer physikalischen Größe A kann nur solche Werte a_k liefern, die Eigenwerte des A entsprechenden Operators **A** sind. Wenn $|\Psi>$ den normierten Zustandsvektor des Systems und $|\varphi_{k,r}>$ die normierten Eigenvektoren von A, die zu den a_k gehören, bezeichnen, so ist die Wahrscheinlichkeit, bei einer Messung von A den Wert a_k zu erhalten, gegeben durch:

$$\Sigma_r \, |<\varphi_{kr}|\Psi>|^2 .$$

E) Unmittelbar nach einer (idealen) Messung von A, die das Ergebnis a_k geliefert hat, befindet sich das System in einem Zustand, der, wenn a_k nicht entartet ist, durch $|\varphi_k>$ dargestellt wird, und wenn a_k entartet ist, durch die normierte Projektion von $|\Psi>$ auf die von den $|\varphi_{k,r}>$ aufgespannte lineare Mannigfaltigkeit.

F) (In Wirklichkeit ein Korollar zu E). Unmittelbar nach einer (idealen) Messung einer vollständigen Menge $A, B, \ldots$ von Beobachtungsgrößen, die vertauschbar sind, befindet sich das System in einem Zustand $|a_i, b_j, \ldots>$, in dem die Beobachtungsgrößen A, B wohldefinierte Werte besitzen, die genau gleich den durch die fragliche Messung gelieferten Werten sind.

Gegenstand dieses Buches sind nicht die praktischen Folgerungen, die man aus diesen Axiomen ziehen kann, und auch nicht die Entwicklung eines entsprechenden abstrakten Formalismus[2]). Da wir uns an den Nicht-Fachmann wenden, bleiben wir bei der

---

[1]) In Übereinstimmung mit der üblichen Bezeichnungsweise bedeuten $|a>$, $|b>$, usw. die mit a, b, usw. „numerierten" Zustandsvektoren. Wir erinnern daran, daß man eine nur weniger allgemeine, im übrigen aber äquivalente Formulierung der Quantenmechanik erhält, wenn man überall die Zustandsvektoren durch einfache, als „Wellenfunktionen" bezeichnete Funktionen der Koordinaten ersetzt.

[2]) Wir verweisen den Leser auf die Arbeit von *A. Messiah*[112], die allgemein als eine der vollständigsten betrachtet wird und die in adäquater Form den praktischen wie den mathematischen Aspekt umfaßt. Für eine tiefergehende Studie des Formalismus und seiner Interpretation seien die Bücher von *v. Neumann*[114] und *Dirac*[55] angeführt. Der Leser, der im Gegensatz dazu eine mehr elementare Einführung bevorzugt, findet diese z. B. in den Arbeiten von *Y. Bernard*[9] oder *W. Heitler*[87].

allgemeinen Aussage der Axiome. Vervollständigt durch das Postulat der Anti-Symmetrisierung und die Maxwellschen Gleichungen erklären sie allein alle beobachtbaren physikalischen und chemischen Phänomene, und zwar ebenso gut dem menschlichen Maßstab als auch dem der Moleküle und Atome angepaßt. Diese Prinzipien bilden daher die Basis einer Synthese unserer Kenntnis, die qualitativ korrekt und durch ihren Umfang beeindruckend ist. Aus diesem Grund ist ihre Gültigkeit kaum anzweifelbar. Man darf weiter hinzufügen, daß bisher noch in keiner der Folgerungen ein Widerspruch entdeckt werden konnte.

Bemerkung

Die relativistische Quantenmechanik und die Teilchentheorie

Wenn man es mit Korpuskeln hoher Relativgeschwindigkeit zu tun hat – d.h. in dem Fall, wo die klassische Physik an Stelle der Newtonschen Gleichungen die relativistischen Gleichungen verwenden würde – kann die Quantenmechanik nicht mehr so ohne weiteres herangezogen werden. Ihre Formulierung muß erweitert werden. Jedoch bleiben ihre Basisaxiome gültig, und die grundsätzlichen Probleme bei ihrer Deutung sind dieselben wie in der nicht-relativistischen Physik. Der einzige wesentliche Punkt, den man hier erwähnen muß, ist der, daß allein die relativistischen Phänomene der Materie die Möglichkeit geben, sich in Energie umzuwandeln und umgekehrt. Es ist folglich nicht mehr gestattet, die Elementarteilchen als stabile Bestandteile des Universums aufzufassen, die in Ewigkeit existieren und agieren. Es ist daher nicht mehr möglich, zwischen der Existenz eines Teilchens und seinen übrigen Eigenschaften eine deutliche, ebenso qualitative wie fundamentale Unterscheidung zu treffen. Von nun ab hat die Theorie selbst in der Existenz eines Teilchens (oder eines Teilchenpaares) genauso wie in seiner Lage, seiner Geschwindigkeit usw. nahezu eine Art physikalische Eigenschaft zu sehen (nicht des Teilchens, sondern irgendeines Grundelementes). Die Teilchen sind selbst „physikalische Eigenschaften". Diese Tatsache – daß unter die Eigenschaften eines physikalischen Systems auf gewisse Art auch dessen Existenz zu zählen ist – ist in der Folge beizubehalten. Dies ist genau genommen von allen aus der relativistischen Quantenmechanik herrührenden Tatsachen die einzige, die man zu berücksichtigen hat.

Erster Teil

Die realistische Beschreibung

Ich erröte nicht, wenn ich den Begriff des „reellen Zustands eines Systems" in den Mittelpunkt meiner Betrachtungen stelle.

Einstein

Die Standpunkte der Gegenwart

Sowie man versucht, die verschiedenen Interpretationen der Quantenmechanik, die bereits vorliegen, systematisch zu klassifizieren, stößt man auf die Existenz zweier Grundrichtungen, die den beiden Arten des Wahrheitsbegriffes in den Wissenschaften entsprechen. Die eine Richtung spiegelt die „realistische" Konzeption wieder, aber nicht im Sinne der Scholastik, sondern im modernen Sinn des Wortes. Die andere Richtung, die sich der ersten im weiten Maße entgegenstellt, wird durch die positivistische oder empiristische Konzeption geprägt.

Die positivistische oder empiristische Konzeption geht von der ihrer Ansicht nach erstrangigen Tatsache aus, daß die Erfahrung die einzige Grundlage ist, auf der die Wissenschaft aufzubauen ist. Daraus folgt insbesondere eine äußerst wichtige Regel, die besagt, daß man in wissenschaftlichen Deduktionen niemals nicht-beobachtbare Elemente einführen darf, außer etwa als Hilfsgrößen zur Erleichterung der Rechnungen, die dann in der Konklusion nicht mehr auftreten. Für einen Positivisten oder Empiristen ist folglich nur die Aufgabe von Bedeutung, wie man mit Hilfe von geeigneten Formeln eine Beobachtung mit der folgenden verknüpft und auf diese Weise einen Formalismus aufbaut, der in seinen Vorhersagen stets richtig ist. Fragen über die Natur der Dinge, das Wesen der physikalischen Realität, usw. sind für ihn unangebracht. Er übergeht sie in seinen Betrachtungen gewöhnlich, indem er ihnen das seines Erachtens pejorative Attribut „metaphysisch" anheftet.

Zugunsten der positivistischen Konzeption bringt man oft vor, daß unter allen Geisteshaltungen sie es ist, die am wirksamsten und gleichzeitig auch am vorsichtigsten ist. Sie gestattet es, unsere Kenntnisse auszudehnen, ohne mit den angeblich großen Problemen in Berührung zu kommen, die sich tatsächlich unseren Möglichkeiten der direkten Verifikation entziehen.

Diese Einschätzung ist in Wirklichkeit anfechtbar. Die Tatsache, daß die positivistische oder empiristische Konzeption die wirksamste ist, erscheint sicher. Die Entwicklung im Laufe des zwanzigsten Jahrhunderts mit dem Erscheinen der Relativitätstheorie und der Quantentheorie hat dies hinreichend bewiesen. Daß sie jedoch, was die großen Probleme betrifft, keine Stellungnahme impliziert, ist nicht ganz richtig. Bei gewissen davon impliziert sie tatsächlich keine, sobald man sich ihrer in einem rein praktischen Sinne bedient, d. h. mit dem Plan, eine phänomenologische Theorie zu konstruieren, die sich – zum Beispiel wie die Theorie der Himmelskugel und der Ekliptik – nur zur Aufgabe macht, die Tatsachen approximativ und einfach zu reproduzieren, ohne zu einem Urteil darüber gelangen zu wollen, was dieser letzte Mechanismus sei. Wenn aber im Gegensatz dazu weniger oberflächliche Fragen angeschnitten werden, so ergibt sich, daß selbst der Empirist Partei nehmen und ein Urteil über die Natur im allgemeinen abgeben muß, und allgemeiner noch ein Urteil über die Beziehungen zwischen dem Menschen und der Außenwelt. Wir werden dies im Verlaufe unserer Untersuchung noch explizit feststellen. Betrachten wir zum Beispiel eine alte Überzeugung, die tief in einem Großteil des westlichen Gedankenguts verwurzelt ist, nämlich daß *die physikalische Realität auch dann existiere, wenn kein Beobachter vorhanden ist.* Die wirklich korrekte Art, bezüglich dieser Behauptung keine Partei zu ergreifen, wäre wohl die Aussage: „Möglicherweise ist das wahr, möglicherweise ist das nicht wahr, möglicherweise hat die Behauptung keinen Sinn. A priori weiß ich darüber nichts. Ich will also die drei Annahmen getrennt betrachten und untersuchen". Aber so denkt der positivistische Theoretiker ganz und gar nicht, wenn er die Grundlagen der modernen Physik darlegt. Was er zum Ausdruck bringt, ist, wie wir sehen werden, gerade daß die fragliche Behauptung *keinen Sinn hat.* Wir werden auch sehen, daß er dieses Urteil dazu benutzt, die Beschreibung der Phänomene zu vereinfachen. Also handelt es sich nicht um ein rein logisches Prädikat,sondern um ein Postulat [1]).

Vielleicht drängt sich dieses Postulat dem analytischen Ausdruck auf. Vielleicht ist es endgültig das einzige, das gestattet, die Schwierigkeiten, die sich bei der Interpretation von sicher komplexen Experimentenreihen ergeben, verstandesmäßig zu überwinden. Jedoch die Tatsache, daß es nicht einem dem Denken innewohnenden Zwang entspricht, ist evident und wird überdies noch durch die Abneigung bekräftigt, die ihm große Denker stets entgegengebracht haben. Besonders Einstein hat zu wiederholten Malen ausgesprochen, daß er fest an die von unseren Sinnen unabhängige Existenz glaubt und daß diese mit den Mitteln der Physik beschreibbar ist[2]). Wir räumen daher ohne zu zögern ein, daß der Positivismus – im Gegensatz zu dem, was seine Anhänger manchmal vorbringen – nicht die einzige Form gültiger wissenschaftlicher Denkweise ist. Auch andere Ausgangsbasen sind annehmbar. Unter ihnen steht die realistische Konzeption an erster Stelle, d. h. das Gesetz – natürlich unbeweisbar, aber als evident akzeptiert – *einer*

---

[1]) Die Behauptung, so argumentiert der Positivist, hat keinen Sinn, da sie (aus evidenten Gründen) nicht verifiziert werden kann. Er spricht damit nur das fundamentale Postulat einer gewissen positivistischen Philosophie aus, nämlich daß nicht verifizierbare Behauptungen eben keinen Sinn haben. Das ist sicher ein vernünftiger Standpunkt, er ist jedoch keinesfalls zwingend. Zum Beispiel ist die Behauptung, daß der Mann, der in der Höhle von Lascaux den ersten Büffel gemalt hat, auf der Stirn eine Warze hatte, auf keine Weise nachweisbar. Wir nehmen jedoch an, daß diese Behauptung wahr oder falsch sein kann und daher wohl einen Sinn hat. Sie unterscheidet sich darin wesentlich von Behauptungen wie: „Zwei Supernovae in zwei verschiedenen Milchstraßen sind zur selben Zeit explodiert", oder wie: „Ludwig XIV war ein Kosinus", die aus ganz anderen Gründen offenbar keinen Sinn haben.

[2]) Siehe die Tafel auf S. 5

definierten physikalischen Realität, die auch in Abwesenheit eines Beobachters existiert und die andererseits der Untersuchung, der quantitativen Erfassung und dem Kalkül zugänglich ist.

Auf den ersten Blick mag diese zwischen Positivismus und Realismus getroffene Unterscheidung künstlich, übertrieben oder gar überflüssig erscheinen. Tatsächlich kann man auch nur durch konkrete Anwendung dieser Ideen im Laufe der nächsten Kapitel a posteriori die Haupteigenschaften beider Konzeptionen beurteilen und damit den Unterschied zwischen ihnen herausstellen. Das Studium der positivistischen Thesen in der Physik wird übrigens durch eine vorbereitende und vorläufige Kenntnis einiger Probleme erleichtert, welchen der Realismus in reiner Form begegnet. Aus diesem Grund soll er den Gegenstand der letzten Kapitel bilden. Der erste Teil des Werkes betrifft also nur die Interpretation der Quantenmechanik in dem hier als realistisch bezeichneten Rahmen.

I. Die mikroskopischen physikalischen Eigenschaften

Ich diskutiere niemals über einen Namen, ehe man mir mitgeteilt hat, welchen Sinn man ihm gibt.

Pascal, Les Provinciales

Setzt man als gegeben voraus, daß die Materie aus Atomen aufgebaut ist, oder allgemein gesprochen, aus Korpuskeln atomarer Ausdehnung, so erscheint es natürlich, wenn man die realistische Hypothese nicht allein auf Objekte unseres Maßstabes anwendet, sondern auch auf Objekte, deren Dimensionen gleich denen der Atome oder sogar noch kleiner sind. Einem in der Physik üblichen Sprachgebrauch folgend nennt man solche Systeme „mikroskopisch“. In diesem gesamten Kapitel setzen wir also die Gültigkeit einer Hypothese voraus, die wir als Hypothese H bezeichnen wollen und die geeignet ist, die vorausgegangene Aussage in eine klare Sprache zu übersetzen.

1. Hypothese und Korollar

Hypothese H: Es hat einen Sinn, von der Existenz dieses oder jenes mikroskopischen Systems zu sprechen, sowie davon, daß es Meßinstrumente gibt oder nicht gibt, die geeignet sind, mit dem System in Wechselwirkung zu treten. Ein derartiges System kann physikalische Eigenschaften besitzen, die unabhängig von der Existenz oder der Anwesenheit solcher Instrumente sind.

Diese Hypothese besitzt einen sehr wichtigen Zusatz, den wir als Korollar C bezeichnen.

Korollar C: Mikroskopische Systeme, wie sie oben eingeführt wurden, existieren und besitzen definierte Eigenschaften *unabhängig von allen Kentnissen, die irgendein Beobachter darüber haben oder nicht haben mag.*

Die Hypothese und ihr Korollar erfordern einige Bemerkungen. Wir führen diese anschließend unter den Nummern 1 bis 6 an.

1) Die Tatsache, daß Korollar C eine Folge von Hypothese H ist, ist mehr oder weniger evident (da jede Kenntnis mit Hilfe von Instrumenten gewonnen wird). Das Korollar ist jedoch für unsere Betrachtungen nicht unerläßlich. Man kann, wenn man es vorzieht, Korollar C auch als unabhängige Hypothese betrachten.

2) Die Hypothese H wird in einem gewissen Sinn jedesmal dann impliziert vorausgesetzt, wenn man behauptet, daß eine Meßvorrichtung „den Zustand des Systems stört“. Der Zustand eines Systems kann offenbar nur dann durch eine Messung gestört werden, wenn er eine autonome Existenz und gewisse vor der Messung definierte Eigenschaften besitzt, d. h. vor der Wechselwirkung des Systems mit der in Frage stehenden Meßvorrichtung.

3) Auf Grund von Korollar C läßt sich voraussagen, daß man, wenn man will, alle physikalischen Gesetze formulieren kann, ohne in irgendeiner Weise Worte wie „wissen", „Kenntnis erhalten", „beobachtbar sein" usw. zu verwenden, die sich notwendigerweise auf irgend einen Beobachter beziehen. Dürfen wir von dieser Möglichkeit Gebrauch machen? Offensichtlich ja, denn in einem Bereich, wo die vertrauten Begriffe oft fehl am Platze sind, ist dies der sicherste und damit schließlich der einfachste Weg, eine Beschreibung der Realität zu geben, deren Objektivität im gesamten garantiert sein soll.

Worte wie „wissen", „Kenntnis" usw. werden oft auch von Autoren verwendet, die Anhänger der realistischen Thesen sind. In vielen Fällen handelt es sich nur um eine Eigenart des Ausdrucks. Diese Eigenart, die der Bequemlichkeit dient, beinhaltet keine schwerwiegenden Nachteile. Schenkt man ihr jedoch keine Beachtung, so führt sie unserer Meinung nach zu unvorhergesehener Einführung von Elementen in das Denken, die mit der realistischen Konzeption unverträglich sind. Aus diesem Grund scheint es uns günstiger, wenn wir in diesem ersten Teil davon Abstand nehmen. Natürlich steht es jedem frei, den Realismus zu akzeptieren oder ihn abzulehnen. Jedoch sollte sich auch jeder davor hüten, eine undefinierte Stellung einzunehmen. Wenn jemand erklärt, daß er an die oben formulierten realistischen Thesen glaubt – zum Beispiel, wenn er behauptet, daß Korollar C und die Hypothese H wahr sind – so darf man von ihm auch verlangen, daß er seiner Idee bis zum Ende der Überlegungen treu bleibt. Wenn jemand allgemein behauptet, daß die Welt auch in Abwesenheit eines Beobachters existiert, und wenn er hinzufügt, daß die Gesetze der Physik genau das sind, was sie sind, so ist das Wenigste, was man von ihm verlangen darf, daß er diese Gesetze ohne Bezugnahme auf die Kenntnis beschreibt, die ein Beobachter auf Grund der eigenen Wahrnehmung davon besitzen kann. Diese Kenntnis ist offenbar in diesem Fall belanglos. Es sei nochmals darauf hingewiesen: wenn wir uns einer gewissen Objektivität versichern wollen, so ist ohne Zweifel dies der richtige Standpunkt, den wir einzunehmen haben.

4) Bei dieser Gelegenheit ist der Hinweis von großer Bedeutung, daß das Wort „objektiv" von einem Positivisten nicht im selben Sinn gebraucht wird wie von einem Realisten. Ein Positivist versteht darunter „wahr für jeden beliebigen Beobachter". Für einen Realisten bedeutet es „wahr, auch wenn kein Beobachter vorhanden ist" (eine Behauptung, die in der realistischen These und auf Grund von Korollar C berechtigt ist und einen Sinn hat). Tatsächlich besteht zwischen beiden Auffassungen ein beträchtlicher Unterschied. Im gegenwärtigen Zusammenhang wie im gesamten ersten Teil dieses Werkes versteht es sich von selbst, daß wir das Wort „objektiv" im zweiten Sinn verwenden.

5) Bis zur Gegenwart sind die Prinzipien der Quantenmechanik durch eine große Zahl von Folgerungen verifiziert worden, die sich als exakt erwiesen und sich niemals mit irgendeiner Tatsache in Widerspruch befunden haben. Sie lassen sich daher schwer modifizieren, ohne die Übereinstimmung mit dem Experiment zu verletzen.

Nichtsdestoweniger ist es klar, daß nicht alle beobachtbaren Folgerungen aus den Prinzipien, von welchen wir sprechen, einzeln verifiziert worden sind, umso mehr als manche Verifikationen außerhalb der Möglichkeiten der Technik liegen. Wir diskutieren hier, wie bereits bemerkt, keine Modifikationen der Quantenmechanik, d. h. keine Theorien, von denen gewisse Folgerungen zwar grundsätzlich beobachtbar sind, sich jedoch von denen der üblichen Quantenmechanik unterscheiden. Wir nehmen daher an, daß alle Folgerungen aus der gegenwärtigen Quantenmechanik, die grundsätzlich beobachtbar sind, auch tatsächlich wahr sind. Das ist weder ein Zugeständnis an den Positivismus noch an den Subjektivismus, denn in den Behauptungen der Theorie stehen die Kenntnisse oder die Möglichkeiten eines Beobachters außer Frage. Es ist einfach so, daß man sich in Gedanken in die weite Zukunft versetzt, in der alle grundsätzlich verifizierbaren Folgerungen, die man aus der Theorie ziehen kann, bereits verifiziert worden sind. Alle diese Folgerungen darf man daher offenbar unter diesen Voraussetzungen als experimentelle Tatsachen betrachten, d. h. als objektive Eigenschaften der physikalischen Realität, die vollkommen unabhängig von unseren Sinnen vorhanden ist.

6) Schließlich ist evident, daß in der realistischen Konzeption deutlich zwischen der physikalischen Realität, d. h. den Objekten an sich, und den mathematischen Größen unterschieden wird, die zu deren Beschreibung dienen. Die Höhe des Eiffelturms ist nicht mit dem Turm selbst identisch, wie bei gewisser mißbräuchlicher Verwendung des Formalismus glaubhaft erscheinen könnte.

2. Die Prinzipien der Quantenmechanik und deren realistische Formulierung

Die übliche Art, die Prinzipien der Quantenmechanik zu formulieren, ist auch die einfachste. Es ist die Art, welche schon in den Vorbemerkungen verwendet wurde und in der Ausdrücke wie „Messung“ und „Ergebnis einer gegebenen Beobachtung“ nicht fehlen. Die Verwendung solcher Ausdrücke ist jedoch (wenn nicht spezielle Vorkehrungen getroffen wurden, um sie in anderer Weise zu definieren) offenbar nur eine versteckte Art, das „Wissen“ – d. h. die Tatsache, daß irgendjemand eine gewisse Kenntnis erwirbt – einzuführen als einen irreduziblen Begriff in der Beschreibung der physikalischen Welt. Diese Vorgangsweise mag, sagen wir es nochmals, aus sich heraus gerechtfertigt sein. Sie ist jedoch, will man dem Realismus treu bleiben, auf keinen Fall die sicherste. Um es besser zu sagen: In dem angekündigten Rahmen, zum Beispiel auf Grund der Hypothese H und des Korollars C des vorangehenden Abschnitts, muß es mindestens eine Formulierung dieser Prinzipien geben, die ohne Begriffe dieser Art auskommt. Eine derartige Formulierung wollen wir vorerst suchen und in der Folge immer dann verwenden, wenn wir vollkommen sicher gehen wollen, daß wir den Konzeptionen treu bleiben, deren Entwicklung wir uns zur Aufgabe gestellt haben.

Die Neuformulierung der Prinzipien der Quantenmechanik in einer Weise, die den gegenwärtigen Bedingungen genügt, bietet in Wirklichkeit keinerlei Schwierigkeiten. Führt man diese Arbeit durch, so erhält man, bis auf Unterschiede in der Darstellung, ein Schema, das einheitlich erscheint und sich so ausdrücken läßt:

Prinzip I. *Es gibt mikroskopische Systeme, für die Quantenzustände definiert werden können.*

Prinzip II. *Die Quantenzustände werden durch mathematische Größen beschrieben, die man „Zustandsvektoren" nennt und die Vektoren eines linearen Vektorraums sind.*

Prinzip III. *Das Verhalten des Zustandsvektors eines Systems mit der Zeit wird durch die zeitabhängige Schrödingergleichung bestimmt.*

In diesem Zusammenhang ist zu bemerken, daß bei zwei Systemen, die miteinander in Wechselwirkung stehen, der Zustandsvektor des Gesamtsystems, das sich aus den beiden Einzelsystemen zusammensetzt, zu betrachten ist. Darüber hinaus ist zu bemerken, daß gemäß Prinzip III das Verhalten des Zustandsvektors strikt kausal ist[1]).

Prinzip IV. *Wenn eine zu einem physikalischen System gehörige Größe einen definierten Wert besitzt, so kann dieser Wert nur der Eigenwert a_k eines gewissen Operators*[2]) **A** *sein, der für die Größe charakteristisch ist.*

Prinzip V. *Immer wenn sämtliche physikalischen Größen, die einem vollständigen System*[3]) *von kommutierbaren Operatoren entsprechen, definierte Werte haben, befindet sich das physikalische System, zu dem die Größen gehören, in einem wohldefinierten Quantenzustand, dessen Zustandsvektor der all diesen Werten entsprechende Eigenvektor ist.*

Bis hierher ist die gegenwärtige Formulierung mit der üblichen Formulierung identisch. Man hat jedoch jetzt das einzuführen, was sich in der letzteren explizit auf eine Messung bezieht. Daraus ergeben sich die beiden folgenden Prinzipien.

Prinzip VI. *Es gibt gewisse Ereignisse in der Natur, die von der folgenden Art sind:*

1) Als Folge der Wechselwirkung des betrachteten Systems mit einem anderen System nimmt eine physikalische Größe A des betrachteten Systems einen definierten Wert an und

2) für eine gegebene Menge von Systemen mit dem Zustandsvektor $|\Psi>$ *ist ein Maß dafür, daß diese Größe den Wert* a_k *annimmt, gegeben durch*

$$\Sigma_r \, |<\varphi_{k,r} \, | \Psi>|^2,$$

---

1) Diese Tatsache beweist keineswegs, daß das physikalische Verhalten eines Systems, dessen Zustandsvektor dem Prinzip III gehorcht, selbst kausal ist. Man kann physikalische Theorien betrachten, die im Verhalten eines Systems einen wesentlichen Indeterminismus gestatten, und trotzdem mit dem System verknüpfte Funktionen konstruieren (zum Beispiel Wahrscheinlichkeitsfunktionen), deren Verlauf kausal ist.

2) Da wir nicht in erster Linie am mathematischen Rüstzeug der Theorie interessiert sind, können wir uns hier einer vereinfachten Redeweise bedienen. Unter „Operator" verstehen wir im gesamten Verlauf des Buches einen allen Bedingungen (Linearität, Hermitizität, usw.) genügenden Operator, der sich einer physikalischen Größe zuordnen läßt. In der üblichen Formulierung nennt man solche Operatoren oft „beobachtbar". Dieses Wort haben wir aus einleuchtenden Gründen in diesem Teil des Buches zu vermeiden.

3) Für ein physikalisches System eines gegebenen Typs – d.h. mit einer gegebenen Anzahl von Variablen einer gegebenen Art – ist ein vollständiges System von kommutierbaren Operatoren ein System, dessen allgemeine Folge von Eigenvektoren nicht entartet ist.

wobei die $| \varphi_{k,r} >$ *die Eigenvektoren des die Größe A repräsentierenden Operators* A *sind, die zum Eigenwert* a_k *von* A *gehören.*

In Bezug auf Prinzip VI ist zu bemerken, daß offenbar alle Ereignisse, die in der üblichen Formulierung den Namen Messung tragen, notwendigerweise zu den Ereignissen gehören, auf die Prinzip VI anzuwenden ist.

Prinzip VII. *oder Reduktion des Wellenpakets* (in Wirklichkeit ein unmittelbares Korollar zu V). *Unmittelbar nach einer vollständigen Folge von Wechselwirkungen* [1] *der in Prinzip VI beschriebenen Art befindet sich das physikalische System in einem Quantenzustand, dessen Zustandsvektor der Eigenvektor* $| a_k, b_1, \ldots >$ *ist, der den Werten* $a_k, b_1, \ldots$ *entspricht, die von jenen physikalischen Größen angenommen werden, welchen in der Folge von Wechselwirkungen definierte Werte zugeteilt wurden.*

Die Prinzipien I bis VII liefern eine Menge von eindeutigen und kohärenten Vorhersagen, vorausgesetzt, daß eine der beiden folgenden Bedingungen a) oder b) erfüllt ist.

a) Das Verhalten des Zustandsvektors wie in Prinzip VII ist – in dem Fall, wo Prinzip VII tatsächlich anwendbar ist – ein einfacher Spezialfall des in Prinzip III beschriebenen Verhaltens.

b) Obwohl das in Prinzip III beschriebene Verhalten des Zustandsvektors mit der Zeit von dem in Prinzip VII beschriebenen Verhalten verschieden ist, besteht jedoch – für Ereignisse, auf die Prinzip VII anzuwenden ist – zwischen beiden kein Unterschied, der unter Anwendung anderer Prinzipien beobachtbare Konsequenzen hätte (wobei beobachtbar auch in dem Sinne zu verstehen ist, daß es ein Experiment gibt, das zwar bisher noch nicht durchgeführt, grundsätzlich aber durchführbar ist).

Was a) betrifft, so ist wohlbekannt, daß diese Bedingung im allgemeinen nicht erfüllt ist. In allen „nicht trivialen" Fällen ist das Verhalten des Zustandsvektors gemäß Prinzip VII tatsächlich verschieden vom Verhalten des Zustandsvektors, das mit Hilfe von Prinzip III ermittelt wurde. Wir dürfen also b) als die einzige a priori mögliche Eventualität betrachten (wenn unser realistischer Standpunkt als zutreffend betrachtet wird). Es ist noch zu bemerken, daß man, wenn b) wahr ist, offenbar eine vollkommen – im weiter oben präzisierten strengen Sinn des Wortes – objektive physikalische Realität erfinden kann, deren Verhalten in jedem Augenblick und ohne Widerspruch zu den oben formulierten Prinzipien das vom Zustandsvektor vorausgesagte ist, oder besser ausgedrückt, von den Zustandsvektoren, welche dieselben beobachtbaren Konsequenzen haben.

---

[1] Als „vollständige Folge" derartiger Wechselwirkungen wird eine Folge von Wechselwirkungen bezeichnet, die unmittelbar hintereinander stattfinden und die nach sich ziehen, daß die einem vollständigen System kommutierbarer Operatoren entsprechenden physikalischen Größen definierte Werte annehmen.

3. Zustandsvektoren und abgeschlossene Systeme

Läßt sich einem beliebigen abgeschlossenen System stets ein Zustandsvektor zuordnen? Die Antwort auf diese Frage hängt offenbar von dem Sinn ab, den man dem Wort „System" erteilt. Wir setzen daher fest, daß wir dieses Wort in seiner gewöhnlichen Bedeutung verstehen wollen: ein Atom, ein Molekül, ein beliebiges mikroskopisches Objekt oder eine Ansammlung solcher Objekte sind „Systeme". Wir betrachten hier als evident, daß es bei der Wechselwirkung zwischen solchen Systemen häufig vorkommt (zum Beispiel bei Diffusionserscheinungen), daß aus dem so gebildeten Gesamtsystem neuerlich zwei oder mehrere Systeme hervorgehen, die sich nach einer gewissen Zeit nicht mehr gegenseitig beeinflussen und daher tatsächlich abgeschlossen sind.

Die Gesamtheit der so definierten Systeme betrachten wir wieder als übergeordnetes umfassenderes System, das wir im folgenden als „Großsystem" bezeichnen wollen. Das Großsystem besitzt einen Zustandsvektor, der vor der Wechselwirkung einfach durch das Produkt der Zustandsvektoren der einzelnen Systeme gegeben ist.[1] Im Gegensatz dazu kann nach der Wechselwirkung der Zustandsvektor des Großsystems nicht mehr in Form eines Produktes dieser Art beschrieben werden (gewöhnlich besteht er dann aus einer linearen Kombination solcher Produkte). Es ist daher offenbar nicht möglich, jedem einzelnen der entstehenden Systeme einen bestimmten Zustandsvektor zuzuordnen. Die Antwort auf die vorliegende Frage ist also negativ.

Der mögliche Fehler bei dieser Argumentation liegt aber vielleicht im Folgenden: Was beweist denn, daß der Zustandsvektor des Großsystems nach der Wechselwirkung nicht physikalisch äquivalent[2] einem einzigen Zustandsvektor der verlangten Art ist, d.h. einem einzigen Produkt aus den einzelnen Zustandsvektoren, als deren Linearkombination er auftritt? Lassen sich die Dinge nicht auch korrekt beschreiben, wenn man zusätzlich voraussetzt, daß auf Grund des in der Natur herrschenden Indeterminismus dieser Ausdruck nicht für alle einzelnen Exemplare einer Menge von Großsystemen am Anfang gleich ist? Diese Annahme würde offenbar die Auffassung gestatten, daß jedem Kleinsystem ein Zustandsvektor entspricht, und zwar nach der Wechselwirkung ebenso wie vorher.

Die Antworten auf diese Fragen können nur dann positiv ausfallen, wenn zu einer gegebenen Menge von Großsystemen der betrachteten Art, d.h. zu einer Menge[3]

---

[1] Wir setzen hier voraus, daß diese einen Zustandsvektor besitzen. Bei einer gegenteiligen Annahme ist der Beweis, den wir erbringen wollen, nicht mehr erforderlich.

[2] Unter physikalisch äquivalent verstehen wir äquivalent in Bezug auf alle verifizierbaren Vorhersagen, die man daraus ableiten kann.

[3] Der Begriff einer Menge, und übrigens auch der einer Mischung, wird in Abschnitt 4 präzisiert und erläutert werden. Als vorläufige Definition bemerken wir hier, daß im folgenden der Ausdruck Menge aus der Statistik entliehen wird und einfach eine große Zahl von Systemen mit gleichem Aufbau und ohne gegenseitige Wechselwirkung bedeutet.

von Großsystemen, die alle durch denselben Zustandsvektor repräsentiert werden, eine Mischung [1]) existiert, die zu genau denselben beobachtbaren Vorhersagen führt, wie sie aus dem besagten Zustandsvektor folgen, und zwar für jede beliebige physikalische Größe. Man weiß jedoch aus allgemeinen Theoremen[114], daß solche Mischungen nicht existieren. Eine detaillierte Untersuchung des Falles von zwei Systemen, die auf sehr allgemeine Art die Unterschiede in den Vorhersagen aus dem Zustandsvektor und den Vorhersagen aus beliebigen geeigneten Mischungen aufweist, ist von *Furry*[74] durchgeführt worden. Um jedoch den für uns interessanten Punkt hervorzustellen, genügt offenbar ein einziges Beispiel. Wir entlehnen dieses Beispiel einer Arbeit von *Bohm*[14]. Es handelt sich um ein Molekül, dessen Spin null ist, und von dem angenommen wird, daß es unter Erhaltung des Gesamtspins[2]) in zwei Teile mit dem Spin 1/2 zerfällt, die wir mit U und V bezeichnen wollen. Der Vektor des Spinzustands des Systems ist dann mit evidenter Bezeichnungsweise (der Spin ist längs der z-Achse quantifiziert):

$$|\Psi> = \frac{1}{\sqrt{2}} \left(|u_+> |v_-> - |u_-> |v_+> \right). \tag{1.1}$$

Die einzige Mischung, die in Bezug auf die Ergebnisse einer Messung der Spinkomponente längs der z-Achse dieselben Vorhersagen (Wechselbeziehungen eingeschlossen) liefert, ist:

$$\begin{cases} |u_+> |v_-> & \text{mit der Wahrscheinlichkeit } 1/2, \\ |u_-> |v_+> & \text{mit der Wahrscheinlichkeit } 1/2. \end{cases} \tag{1.2}$$

Diese Mischung liefert jedoch, was die Wechselbeziehung bei den Messungen der Spinkomponenten längs der x-Achse betrifft, nicht dieselben Vorhersagen wie Gl. (1.1).

Der Schluß, den man daraus zu ziehen hat, ist klar. Man kann ihn nicht übergehen. Wenn zwei (oder mehr) Quantensysteme in irgendeinem Zeitpunkt miteinander in Wechselwirkung getreten sind und jetzt getrennt sind, ohne sich weiter gegenseitig zu beeinflussen, so darf man im allgemeinen nicht mehr behaupten, daß jedes der beiden Systeme durch einen ihm zugeordneten Zustandsvektor beschrieben wird. Insbesondere widerspricht es auch den Tatsachen, wenn man sagt, daß jedes der beiden Systeme einen Zustandsvektor hat, den man aber nicht kennt (dies entspricht einer Mischung, wenn man nicht nur einen einzelnen Wechselwirkungsversuch, sondern eine Menge von Versuchen einführt). Das einzig mögliche Urteil, an dem man in Wirklichkeit festhalten kann, liegt in der Behauptung, daß keines der beiden in Frage stehenden Systeme einen Zustandsvektor hat.

---

[1]) Im Sinne der Quantenmechanik ist eine Mischung eine Menge von Systemen, die nicht alle durch denselben Zustandsvektor repräsentiert werden. Eine Menge von Systemen, die alle durch denselben Zustandsvektor repräsentiert werden, nennen wir einen reinen Fall. Für weitere Präzisierungen siehe Abschnitt 4.

[2]) Wenn es sich um ein isoliertes Molekül handelt, so bleibt offenbar auch das Gesamtdrehmoment erhalten. Dieser Umstand ist hier nicht von Bedeutung. Unsere Annahme ist, daß die Zerfallsbedingungen derart sind, daß der Gesamtspin (algebraische Summe aus den Eigendrehmomenten) erhalten bleibt.

Bemerkenswert ist, daß die Situation völlig verschieden ist, wenn man vereinbart, daß man nach der gegenseitigen Wechselwirkung nicht alle denkbaren Beobachtungen durchführt. Vereinbart man zum Beispiel, daß nicht alle Wechselbeziehungen zwischen den physikalischen Größen der zwei Systeme gemessen werden sollen, sondern daß einfach nur eine davon zu untersuchen ist, und vereinbart man, daß man, was den Rest betrifft, nur die physikalischen Größen bezüglich U und V allein messen will, dann stimmen die Vorhersagen, die man aus der Betrachtung einer geeigneten Mischung von Zustandsvektoren gewinnen kann, für diese beschränkte Klasse von Beobachtungen sicher mit denen überein, die der durch den Zustandsvektor des Großsystems beschriebene reine Fall liefert. Für diese beschränkte Klasse von Beobachtungen darf man also nun sagen, daß sich jedes der einzelnen Systeme wie ein System verhält, das einen Zustandsvektor besitzt. Man kann jedoch die Übereinstimmung nicht erweitern. Wiederholen wir: Wenn jedes einzelne System nach der Wechselwirkung eine eigene physikalische Realität darstellte, die sich durch einen wohldefinierten Zustandsvektor (bekannt oder nicht, ist von geringer Bedeutung) beschreiben läßt, so könnte man das Großsystem, da seine Bestandteile keiner gegenseitigen Beeinflussung unterliegen, auf adäquate Weise durch das Produkt dieser Vektoren beschreiben. Daraus müßte man *ipso facto* schließen, daß alle verifizierbaren Folgerungen einer solchen Beschreibung und nicht nur eine spezielle Klasse davon wahr sein müssen, was unmöglich ist, wie man gesehen hat.

Manchmal ist es vorteilhaft, wenn man das Großsystem oder auch jedes der einzelnen Systeme durch einen Zustandsvektor beschreibt, der eine Linearkombination von zulässigen Vektoren ist, von denen jeder mit einer „durch Zufall gewonnenen" Phase versehen ist. Das ist so zu verstehen, daß in einer Menge derartiger Objekte die in Frage stehenden Phasen nicht gleich, sondern dem Zufall entsprechend verteilt sind. Auch eine solche Beschreibung ist nur für die oben angeführte beschränkte Klasse von Beobachtungen gültig und unterliegt also Einschränkungen, wie man gesehen hat. Die entsprechenden Zustandsvektoren darf man nicht zu einer adäquaten Beschreibung der physikalischen Wirklichkeit heranziehen, da sie nicht alle Gesichtspunkte in Betracht ziehen. Die Beschreibung durch Zustandsvektoren mit auf Zufall beruhenden Phasen ist in Wirklichkeit der Beschreibung durch eine Mischung äquivalent, die wir gerade einer Kritik unterzogen haben (siehe auch S. 42).

4. Reiner Fall, Mischungen und Dichtematrix [1]

Im vorangehenden Abschnitt wurden die Worte „Menge" und „Mischung" benutzt. In diesem Abschnitt wollen wir in Erinnerung rufen, wie man die entsprechenden Begriffe und gewisse andere verwandte Begriffe verwenden darf. Darüber hinaus werden wir am Ende auf eine Doppeldeutigkeit hinweisen, die in der Literatur existiert und die auf der Bedeutung des Wortes „Mischung" beruht.

---

[1] Bei der ersten Lektüre kann dieser Abschnitt ausgelassen werden. Dem Leser wird geraten, sofort zu Abschnitt 5 überzugehen.

Wir wollen mit einigen Definitionen beginnen. In der Wahrscheinlichkeitstheorie ist es oft bequem, von der Betrachtung der Wahrscheinlichkeiten zur Betrachtung des wiederholten einfachen Auftretens der Erscheinung überzugehen. Zu diesem Zweck stellt man sich vor, daß an Stelle eines gegebenen äußeren Kräften unterworfenen Systems S eine große Zahl N von Exemplaren S_1, S_2, . . . S_N des Systems S existiert; jedes einzelne Exemplar ist denselben äußeren Kräften ausgesetzt. Anstatt von der *Wahrscheinlichkeit* zu sprechen, mit der das System diese oder jene Entwicklung durchlaufen wird, kann man dann einfach vom Verhältnis n/N sprechen. Dabei ist n die *Anzahl* der Systeme unter den $S_1 \ldots S_N$, welche die in Frage stehende Entwicklung durchlaufen. Von den Systemen $S_1 \ldots S_N$ sagt man, sie bilden eine „Menge" von Systemen. Diese Betrachtungsweise findet man in allen Bereichen, in die der Begriff der Wahrscheinlichkeit eingedrungen ist, besonders aber in der Quantenmechanik. Auch bei der Diskussion gewisser Quantenerscheinungen, insbesondere bei als „Messung" bezeichneten Prozessen, ist die Vorstellung nützlich, daß man es nicht nur mit einem System S (zum Beispiel einem Silberatom in einem Zustand mit gegebenem Spin) zu tun hat, das gegebenen äußeren Kräften ausgesetzt ist (zum Beispiel beim Durchlaufen einer Versuchsvorrichtung von *Stern* und *Gerlach*), sondern mit einer „Menge" von Systemen S_1 . . . S_N (d. h. mit N Silberatomen, die sich im selben Spinzustand befinden oder nicht), wobei jedes davon denselben äußeren Kräften unterliegt (d. h. jedes Atom durchquert seine eigene Versuchsvorrichtung von *Stern* und *Gerlach*). Wenn jedes System einem bestimmten Zustandsvektor entspricht, und wenn alle diese Vektoren identisch sind, so kann man von einem Zustandsvektor der Menge sprechen und man sagt in diesem Fall, die Menge stelle einen *reinen Fall* dar.

Anstatt den reinen Fall durch seinen (normierten) Zustandsvektor $|\varphi\rangle$ zu charakterisieren, kann man ihn natürlich auch ebenso gut durch den Projektionsoperator

$$M = |\varphi\rangle\langle\varphi| \tag{1.3}$$

charakterisieren, den man als seinen *statistischen Operator* bezeichnet. Führt man ein vollständiges System $|m\rangle$ von Zustandsvektoren ein, so ist auch eine Charakterisierung mit Hilfe der Matrix aus den Elementen

$$M_{m,n} = \langle m|\varphi\rangle\langle\varphi|n\rangle \tag{1.4}$$

möglich, die man als *Dichtematrix* des reinen Falls bezeichnet. Man sieht unmittelbar, daß

$$\mathrm{Sp}\,[M] = \langle\varphi|\varphi\rangle = 1. \tag{1.5}$$

Darüber hinaus läßt sich für eine physikalische Größe *B*, deren Operator B ist, der Erwartungswert

$$\bar{B} = \langle\varphi|B|\varphi\rangle \tag{1.6}$$

ausdrücken durch

$$\bar{B} = \mathrm{Sp}\,[MB]. \tag{1.7}$$

Schließlich verifiziert man leicht, daß

$$M^2 = M. \tag{1.8}$$

Diese Beziehung drückt nur die Tatsache aus, daß M ein Projektionsoperator ist.

Betrachten wir nun eine Menge von N Systemen, von denen jedes einem wohldefinierten Zustandsvektor entspricht. Aber diesmal sei dieser Zustandsvektor nicht für jedes System derselbe. n_1 Systeme sollen durch $|\varphi_1>$ beschrieben werden, n_2 durch $|\varphi_2>$ usw. Unsere neue Menge kann durch den Operator

$$M = \Sigma_i \frac{n_i}{N} \,|\varphi_i><\varphi_i| \tag{1.9}$$

charakterisiert werden, der auch hier noch als ihr statistischer Operator bezeichnet wird. Auch eine Charakterisierung durch die entsprechende Dichtematrix ist möglich. Man findet leicht, daß der Erwartungswert $\overline{B}$ von B über die gegebene Menge ebenfalls durch Gl. (1.7) gegeben ist. Der Formalismus der Dichtematrix gestattet es also, physikalisch interessante Größen, unter anderem etwa Mittelwerte, in geschlossener Form auszudrükken, auch wenn es sich um eine Menge von individuellen Systemen handelt, die nicht alle demselben Zustandsvektor entsprechen. Was diese Mengen bei dieser Beschreibung vom reinen Fall unterscheidet, ist einfach die Tatsache, daß

$$M^2 \neq M. \tag{1.10}$$

Diese Mengen heißen *Gemenge.* Wir haben hier übrigens explizit präzisiert, daß jedes individuelle System nach Annahme einen wohldefinierten Zustandsvektor besitzt. In solchen Fällen sprechen wir von *Gemengen im eigentlichen Sinn des Wortes* oder von *echten Gemengen.* Um ein derartiges Gemenge handelt es sich offenbar, wenn man eine Menge von Systemen bildet, von denen man weiß (oder annimmt), daß sie den Zustandsvektoren $|\varphi_1>$, $|\varphi_2>$, . . . , $|\varphi_n>$ entsprechen, ohne jedoch zu wissen, welchem Zustandsvektor aus dieser Reihe dieses oder jenes System entspricht. Wenn die Wahrscheinlichkeit dafür, daß ein System zu $|\varphi_i>$ gehört, bekannt und gleich p_i ist, so ist die in Frage stehende Menge offenbar durch die $n_i = Np_i$ bestimmt. Sie wird beschrieben durch

$$M = \Sigma_i \, p_i \,|\varphi_i><\varphi_i|\,. \tag{1.11}$$

Bis jetzt sind nur Gemenge definiert worden, die wir als echt bezeichnet haben, d. h. aus Einzelsystemen bestehende Gemenge, von denen jedes durch einen Zustandsvektor beschrieben wird. Wir wissen jedoch aus dem vorangehenden Abschnitt, daß es Systeme gibt, die keinen Zustandsvektor haben. Kann man die Definition eines Gemenges auf solche Systeme erweitern? Um diese Frage zu beantworten, betrachten wir wieder ein „Großsystem" Σ, das aus zwei Systemen U und V bestehen soll, die in der Vergangenheit in Wechselwirkung gestanden sind und die in dem Augenblick, wo unsere Beobachtung beginnt, sich gegenseitig nicht mehr beeinflussen. Σ hat einen Zustandsvektor[1])

$$|\Psi> = \Sigma_{m,n} \, C_{m,n} \,|u_m>|v_n>, \tag{1.12}$$

---

[1]) Es seien x und y die U und V entsprechenden Variablen. In der Sprache der Wellenfunktion läßt sich eine beliebige Funktion Ψ (x,y), aufgefaßt als Funktion von x, immer nach den $u_m(x)$ entwickeln:

$$\Psi(x,y) = \Sigma_m \, A_m(y) \, u_m(x).$$

$A_m(y)$ kann seinerseits nach den $v_n(y)$ entwickelt werden:

$$A_m(y) = \Sigma_n \, C_{m,n} \, v_n(y).$$

Daraus ergibt sich für Ψ (x,y) ein (1.12) entsprechender Ausdruck wobei $| u_m >$ und $| v_n >$ vollständige Folgen von Zustandsvektoren sind, die in den U und V entsprechenden Vektorräumen definiert sind. Andererseits besitzt U keinen wohldefinierten Zustandsvektor (und V nicht mehr). Der obigen Definition gemäß kann man die Menge (reiner Fall) einer großen Zahl von Systemen $\Sigma_1 \ldots \Sigma_N$ betrachten, die mit Σ identisch sind. Diese Menge wird durch $| \Psi >$, oder wenn man das vorzieht, durch den statistischen Operator $M = | \Psi >< \Psi |$ beschrieben. Man kann außerdem eine Menge von Systemen U definieren, die einfach aus den Bestandteilen $U_1, U_2, \ldots, U_N$ der Systeme $\Sigma_1, \Sigma_2, \ldots, \Sigma_N$ gebildet ist. Der Mittelwert $\overline{B}$ einer beliebigen zu U gehörenden Größe in einer derartigen Menge ist offenbar:

$$< \Psi | B | \Psi > = \Sigma_{m,n,r,s}\ C^*_{m,n}\ C_{r,s} < u_m | < v_n | B | u_r > | v_s > \tag{1.13}$$

$$= \Sigma_{m,n,r,s}\ C^*_{m,n}\ C_{r,s} < v_n | v_s > < u_m | B | u_r >$$

$$= \Sigma_{m,n,r}\ C^*_{m,n}\ C_{r,n} < u_m | B | u_r >$$

$$= \mathrm{Sp}\,[M'B]. \tag{1.14}$$

Dabei ist M' die Matrix mit den Elementen

$$M'_{r,t} = \Sigma_j\ C_{r,j}\ C^*_{t,j}\ . \tag{1.15}$$

Es existiert daher, was die Menge der Systeme U betrifft, trotz der Tatsache, daß diese U keinen Zustandsvektor besitzen, eine Formel, nämlich die Gl. (1.14), die den Mittelwert liefert und die identisch ist mit der für ein Gemenge erhaltenen Gl. (1.7) (wir sagen nicht für einen reinen Fall, da $M'^2 \neq M'$, wie man leicht nachweist). Aus diesem Grund ist es üblich, auch solchen Systemen den Namen „Gemenge“ zu verleihen. Man darf jedoch nicht vergessen, daß, im Gegensatz zu dem weiter oben behandelten Fall, die Systeme U, die unser neues Gemenge bilden, keinen Zustandsvektor besitzen. Um diesen Unterschied stets vor Augen zu haben, bezeichnen wir Gemenge dieses neuen Typs als *Gemenge im übertragenen Sinne des Wortes* oder als *unechte Gemenge.*

Wir betrachten Systeme eines gegebenen Typs S. Ist es möglich, durch ein Experiment zwischen *echten* und *unechten Gemengen* von solchen Systemen S zu unterscheiden? Beschränkt man sich auf Experimente, die sich nur auf die Systeme S beziehen, so ist dies offensichtlich unmöglich. Der Grund dafür liegt darin, daß die Formel für den Mittelwert einer beliebigen zu S gehörenden Größe in beiden Fällen gleich lautet (und daher verhält es sich ebenso mit den Formeln, welche die Werte einer beliebigen meßbaren Größe liefern). Es liegt jedoch kein Grund für eine solche Beschränkung vor. Befreit man sich von ihr, so findet man leicht Experimente, die ein echtes Gemenge von einem unechten Gemenge zu unterscheiden gestatten. Es genügt dazu, wenn man sich in Erinnerung ruft, daß im Falle eines unechten Gemenges die enthaltenen Systeme S in der Vergangenheit mit anderen Systemen in Wechselwirkung gestanden sind. Messungen von Wechselbeziehungen zwischen den Werten, die von einer physikalischen Größe S und einer zu einem dieser anderen Systeme gehörenden physikalischen Größe angenommen werden, liefern im allgemeinen verschiedene Ergebnisse, je nachdem ob es sich um ein unechtes

Gemenge handelt oder um ein echtes Gemenge, die in Bezug auf an S allein angestellten Messungen und in Bezug auf *eine* „äußere" Wechselbeziehung äquivalent wären. Ein einfaches spezielles Beispiel für diese Tatsache, das wohlbekannt ist, wurde in Abschnitt 2 beschrieben. Mit der oben eingeführten Bezeichnungsweise ist dort das echte Gemenge der Systeme U, die durch Gl. (1.2) beschrieben wird, durch $n_+ = N/2$, $n_- = N/2$ gegeben, oder durch die Matrix

$$M = \begin{pmatrix} \frac{1}{2} & 0 \\ 0 & \frac{1}{2} \end{pmatrix} \quad . \tag{1.16}$$

Das unechte Gemenge von Systemen U wird durch die Untersysteme U dann gebildet, wenn der Zustandsvektor der Menge U+V durch Gl. (1.1) gegeben ist. Die Vorhersagen des echten Gemenges und des unechten Gemenges der Systeme U kann man somit von Gl. (1.2) und Gl. (1.1) ableiten. Was die Messungen an U allein betrifft ebenso wie die Wechselbeziehung zwischen den z-Komponenten des Spins von U und V, so stimmen die Vorhersagen des echten Gemenges und des unechten Gemenges überein. Beide sind durch M gegeben. Was die Wechselbeziehung zwischen den Spinkomponenten längs einer beliebigen von der z-Achse verschiedenen Achse betrifft, unterscheiden sich jedoch die Vorhersagen aus Gl. (1.1) und Gl. (1.2) stark.

Ein echtes Gemenge von Systemen, nennen wir sie S, kann man in allgemeiner Form stets durch eine Dichtematrix beschreiben. Ein unechtes Gemenge derselben Systeme S ist physikalisch nichts anderes als ein reiner Fall eines umfassenderen Systems. Es kann durch keine mathematische Größe, die sich nur auf das System S allein bezieht, vollständig beschrieben werden. Dies trifft nur dann zu, wenn man die Klasse der Experimente, die man in der Zukunft zu machen gedenkt, auf die oben erwähnten Experimente einschränkt, wobei in Bezug auf die Vorhersage von Beobachtungen das unechte Gemenge dem echten Gemenge äquivalent wird. Es ist somit klar, daß eine durch ein echtes Gemenge beschriebene physikalische Realität objektiv verschieden ist von der Realität, die durch ein unechtes Gemenge beschrieben wird. Nur in jenen Fällen kann man beide miteinander identifizieren, vorausgesetzt daß diese Fälle existieren, wo irgendein Naturgesetz die Messung von „äußeren" Wechselbeziehungen des oben beschriebenen Typs unmöglich macht. In allen anderen Fällen ist die Identifizierung unmöglich.

Die Unterscheidung zwischen echten und unechten Gemengen – letztere sind einfach Teilaspekte von umfassenderen reinen Fällen – ist wesentlich, wenn man die Grundlagenfragen wirklich verstehen will. Im Gegensatz dazu ist bei der praktischen Anwendung diese Unterscheidung eine Spitzfindigkeit, die nahezu niemals Nutzen bringt. Bei Verwendung des Formalismus der Dichtematrix für ein System S ist dies immer dann der Fall, wenn die Wechselbeziehungen zwischen Größen von S und Größen von anderen Systemen, mit denen S in der Vergangenheit in Wechselwirkung gestanden ist, nicht gefordert sind (in der Mehrzahl der Fälle sind diese äußerst schwierig zu messen). Wenn dies zutrifft, ist es natürlich vollkommen richtig, wenn man ein System einfach als Gemenge beschreibt, ohne zu präzisieren, um welchen Typ es sich dabei handelt.

5. Das Paradoxon von Einstein, Podolsky und Rosen

In Abschnitt 3 wurde gezeigt, daß man in zahlreichen Fällen einem individuellen System keinen Zustandsvektor zuordnen kann. Diese Feststellung setzt jedoch unseren intuitiven Vorstellungen von physikalischen Gegebenheiten nichts Ernstliches entgegen, denn ein Zustandsvektor ist nach allem doch nur ein abstrakter Begriff. Leider besitzt jedoch das in Abschnitt 3 dargelegte Argument eine weit größere Tragweite. Es führt tatsächlich so weit, daß der Anwendungsbereich des Begriffs der physikalischen Realität empfindlich eingeschränkt wird, was wir nun zeigen wollen.

Diese grundlegende Beobachtung ist im wesentlichen eine Folgerung aus einem von *Einstein, Podolsky* und *Rosen* [60] 1935 gemachten Einwand gegen die Art und Weise, wie man die Quantenmechanik aufzufassen gewohnt war. Diese Autoren beginnen mit der Behauptung, daß eine von unseren Kenntnissen unabhängige physikalische Realität existiert. Woraus besteht jedoch dann letzten Endes dieses Etwas, was wir a priori nicht wissen, und das zu ergründen die Aufgabe der Wissenschaft ist? Das ist sicher nicht leicht zu sagen, aber man kann nach der Meinung dieser Autoren, ohne eine vollständige Definition der physikalischen Realität geben zu wollen, wenigstens ein Kriterium angeben, das gewisse Elemente davon zu erkennen erlaubt. Das Kriterium lautet so: „Wenn man, ohne in irgendeiner Weise ein System zu stören, mit Sicherheit den Wert einer physikalischen Größe, die sich auf das System bezieht, vorhersagen kann, dann liegt hier tatsächlich ein Element der physikalischen Realität vor, die zu dieser Größe gehört."

Eine so vorsichtige Aussage wie diese erscheint auf den ersten Blick vernünftig. Mit gutem Recht war zu allen Zeiten die Menschheit der Auffassung, daß der deutlichste Unterschied zwischen den Phänomenen, die zu irgendeiner echten Eigenschaft von Dingen gehören, und den imaginären Phänomenen – den Phantasie- und Traumgebilden u.a. – in der Vorhersagbarkeit und Mitteilbarkeit der ersteren liegt. Wenn also Paul auf Grund persönlicher Beobachtungen in jedem Augenblick das Ergebnis einer von Peter angestellten Messung vorhersagen kann, so muß es sich notwendigerweise um die Messung einer Größe handeln, die in irgendeiner Weise ein reelles Substrat besitzt. Jedoch liegt hier ein Einwand auf der Hand. Kann es nicht sein, daß dieses reelle Substrat durch Paul selbst erst eingeführt wird? Mit anderen Worten, ist es nicht möglich, daß Paul durch die Behandlung, der er das physikalische System aussetzen mußte, um es zu beobachten, dieses System künstlich so verändert hat, daß dabei die von Peter beobachteten Elemente der Realität erst geschaffen wurden? So machte es der Fabel nach *Prokrustes.* Das Bett, das er benutzte, hatte die Länge L. Er konnte daher mit Sicherheit vorhersagen, daß jemand, der nach ihm die von ihm geprüften Reisenden mißt, genau die Länge L feststellen wird. Muß man daraus schließen, daß in dieser Epoche alle Einwohner von Attika genau die Länge L hatten? Offensichtlich nicht. Kann man daraus sogar *schließen,* daß ein menschliches Wesen notwendigerweise eine wohlbestimmte Körpergröße besitzt, oder mit anderen Worten, daß für ein menschliches Wesen die Körpergröße ein klarer Begriff ist? Logischer Weise nicht mehr. Gerade um Einwänden solcher Art zuvorzukommen, enthält die

Aussage des Kriteriums von *Einstein, Podolsky* und *Rosen* den Einschub: „ohne das System zu stören„. Wenn *Prokrustes* tatsächlich ohne Eingriffe dieselben Vorhersagen hätte treffen können, dann wäre der Schluß auf eine eindeutige und wohldefinierte Körpergröße, die allen Reisenden seines Landes gemeinsam ist, richtig gewesen.

So erscheint das Kriterium von *Einstein, Podolsky* und *Rosen* vor jeder Kritik gesichert. Versuchen wir nun, das Kriterium in einem konkreten Fall anzuwenden, zum Beispiel[1]) im Falle des bereits in Abschnitt 3 beschriebenen Zerfalls eines Moleküls ohne Spin in zwei Teile mit dem Spin 1/2, wobei vorausgesetzt wird, daß der *Gesamtspin* erhalten bleibt. Nehmen wir an, daß der Experimentator Peter beschlossen hat, im Zeitpunkt t_2 den Spin des Teilstücks V zu messen. Der Experimentator Paul kann voraussagen, daß Peter mit Sicherheit den oben genannten Wert finden wird, und er kann diese Vorhersage treffen, ohne im geringsten das System V zu beeinflussen. Es genügt, wenn er in irgendeinem Zeitpunkt t_1 früher als t_2 die z-Komponente des Spins von U mißt. Unter der Voraussetzung, daß zum Zeitpunkt t_1 der Zerfall des ursprünglichen Moleküls bereits erfolgt ist, kann einerseits die besagte Messung das System V nicht beeinflussen (da an der Messung nur U beteiligt ist), andererseits gestattet diese Messung tatsächlich vorherzusagen, welchen Wert Peter für die z-Komponente des Spins von V finden wird. Da der Gesamtspin null ist, müssen die Werte der z-Komponenten des Spins von U und V entgegengesetzt gleich groß sein. Wenn man das Kriterium von *Einstein, Podolsky* und *Rosen* akzeptiert, so muß man auch zulassen, daß nach dem Zeitpunkt t_1 die z-Komponente des Spins von V als Element einer physikalischen Realität betrachtet wird. Mit anderen Worten, man muß zugeben, daß, wie in der klassischen Physik angenommen wird, eine bestimmte reelle Bewegung des Systems V existiert, die sich insbesondere durch eine Komponente der Eigenrotation längs der z-Achse äußert, und die wohldefiniert ist, da sie dem Betrag nach gleich und dem Vorzeichen nach entgegengesetzt gleich groß ist, wie die Komponente, die Paul gerade gemessen hat.

Aber andererseits ist V zum Zeitpunkt t_1 isoliert und steht daher insbesondere nicht in Wechselwirkung mit U. *Das besagte Element einer physikalischen Realität mußte daher nicht erst von Paul eingeführt werden.* Die Manipulationen Pauls zum Zeitpunkt t_1 haben doch nur U betroffen. Das Element der physikalischen Realität hat somit bereits vor t_1 existiert. Wir bleiben dabei, daß man um die folgende Behauptung nicht umhinkommt: Wenn die z-Komponente des Spins von V nicht bereits vor t_1 einer physikalischen Realität entsprochen hätte und nicht bereits vor t_1 einen wohldefinierten Wert gehabt hätte, so könnte sie auch nicht nach t_1 einer physikalischen Realität entsprechen und sie könnte ebensowenig nach t_1 einen wohldefinierten Wert haben. Tatsächlich ist der Spin für ein isoliertes Teilchen (wie es V zum Zeitpunkt t_1 vorstellt) eine Konstante der Bewegung und alles, was zum Zeitpunkt t_1 stattgefunden hat, hat sich zwischen Paul und U abgespielt (wobei U, sagen wir es nochmals, zum Zeitpunkt t_1 von V beliebig weit

---

[1]) Wir entwickeln hier das Paradoxon von *Einstein, Podolsky* und *Rosen* mit Hilfe eines speziellen von *Bohm*[14] eingeführten Beispiels. Siehe dazu auch *J. S. Bell.*[8]

entfernt sein konnte). Auch *Prokrustes* konnte nicht, indem er sich mit einem Reisenden befaßte, den Körperwuchs eines anderen irgendwo an einem anderen Ort modifizieren oder ihm eine wohlbestimmte Eigenschaft geben, die er bisher entbehrte.[1])

Wir sind zum Schluß gekommen, daß nach dem ursprünglichen Zerfall, durch den die Systeme U und V erzeugt wurden, aber vor dem Zeitpunkt t_1, in dem die erste Messung erfolgte, die z-Komponente des Spins von V bereits einen wohldefinierten Wert hatte. Sicher war dieser Wert vor dem Zeitpunkt t_1 noch niemandem bekannt, aber das ist einerlei. Eine der Grundlagen der realistischen Konzeption vom Universum, die wir in diesem Teil des Buches darlegen wollen, ist doch, erinnern wir uns, die Auffassung, daß die physikalische Realität in keiner Weise durch die Kenntnis beeinflußt wird, die man davon haben mag. Ebenso wie wir etwa behaupten, daß die der Erde abgekehrte Mondseite eine wohldefinierte geographische Struktur aufweist, obwohl noch niemand Kenntnis davon erlangt hat, müssen wir hier anerkennen, daß die einfache Tatsache, daß der Spinzustand von V bekannt ist oder nicht, diesen Zustand in keiner Weise ändern kann. Aber beachten wir das Folgende: Wenn der Wert der z-Komponente des Spins von V vor t_1 bekannt und gleich + 1/2 wäre, so hätte das System zweifellos einen Zustandsvektor

$$|u_-\rangle\,|v_+\rangle\,.$$

Wenn der Wert bekannt und gleich − 1/2 wäre, so hätte das System ebenfalls einen definierten Zustandsvektor, nämlich

$$|u_+\rangle\,|v_-\rangle\,.$$

Da der Wert zwar nicht bekannt, aber (nach dem Vorangehenden) *wohldefiniert* ist und da er nur + 1/2 oder −1/2 sein kann, so ist die physikalische Realität des Systems zwangsläufig mit einer der beiden physikalischen Realitäten identisch, die durch diese Vektoren in korrekter Weise beschrieben werden. Mit anderen Worten, bei Betrachtung einer großen Zahl N von derartigen Systemen U + V wird man finden, daß ein Teil davon durch $|u_-\rangle\,|v_+\rangle$ korrekt beschrieben wird und der andere Teil durch $|u_+\rangle\,|v_-\rangle$. Kein System wird jedoch in korrekter Weise durch Gl. (1.1) beschrieben. Wir kommen hier also unweigerlich zu dem Schluß, der im Widerspruch zu den Folgerungen aus Abschnitt 3 steht, daß ab dem Zeitpunkt t_1, was den Spin betrifft, die Menge der Systeme U + V nicht einen reinen Fall, sondern ein echtes Gemenge darstellt. Dies ist der Inhalt des angekündigten Paradoxon.

Eine bildhaftere Art der Darstellung dieser Schwierigkeit bietet sich an, wenn man die oben angeführten Überlegungen auf andere Weise zu Ende führt. Die z-Komponente des Spins von V besitzt schon, so könnten wir behaupten, vor dem Augenblick t_1 einen wohldefinierten Wert. Die Gültigkeit dieser Behauptung kann übrigens nicht von den

[1]) Man kann hier auch, wenn man dies vorzieht, die Invarianz der Theorie bezüglich einer Richtungsumkehr des Zeitablaufes benutzen. Wenn V isoliert ist und wenn die z-Komponente des Spins von V in einem gewissen Zeitpunkt einen wohldefinierten Wert besitzt, so bleibt dieser Wert natürlich auch für alle späteren Zeitpunkte erhalten. Wegen der besagten Invarianz liegt dieser Wert somit auch zu früheren Zeitpunkten (nach dem Zerfall) vor.

Ereignissen zum Zeitpunkt t_1 abhängen. Es ist ein universelles Prinzip der Physik (manchmal – im weitesten Sinn – als Kausalitätsprinzip bezeichnet), daß die Zukunft nicht mehr auf die Vergangenheit zurückwirkt. Mit anderen Worten heißt das, wenn die Behauptung wahr ist, so ist sie objektiv wahr, unabhängig davon, was wir zur Zeit t_1 zu tun beabsichtigen. Es ergibt sich weiterhin die zwangsläufige Folgerung: Wenn die z-Komponente des Spins von V, wie wir gesehen haben, *vor* dem Zeitpunkt t_1 einen wohldefinierten Wert besitzt – und wir haben gezeigt, daß dies der Fall ist – so hat sie diesen wohldefinierten Wert selbstverständlich auch dann, wenn Paul die oben diskutierte Messung zum Zeitpunkt t_1 nicht ausführt. Sie besitzt diesen wohldefinierten Wert auch dann, wenn Paul nach reiflicher Überlegung entscheidet, zum Zeitpunkt t_1 nicht die z-Komponente, sondern die x-Komponente des Spins von U zu messen.[1]) Nehmen wir weiterhin an, daß es sich so verhält. Die Überlegungen, die wir weiter oben für die z-Komponente des Spins von V angestellt haben, können ohne die geringste Abänderung auf seine x-Komponente übertragen werden. Es folgt, daß vor t_1 beide Spinkomponenten, die z-Komponente wie die x-Komponente, wohldefinierte Werte besitzen (die zwar unbekannt sind, was aber belanglos ist). Kehren wir nun im letzten Abschnitt der Diskussion zum Prinzip V aus Abschnitt 2 zurück. Was den Spin eines Teilchens angeht, so stellt der entsprechende Operator für die Komponente des Spins längs einer der Koordinatenachsen für sich allein ein vollständiges System vertauschbarer Operatoren dar. Aus der Tatsache, daß die z-Komponente des Spins von V wohldefiniert ist, folgt doch, daß das System V vor t_1 durch einen Zustandsvektor repräsentiert wird, der ein Eigenvektor des Operators ist, der zu dieser Komponente gehört. Ebenso folgt aus der Tatsache, daß die x-Komponente des Spins von V wohldefiniert ist, daß der für den Spin von V repräsentative Zustandsvektor ein Eigenvektor des Operators ist, der zu dieser Komponente gehört. Es existiert jedoch kein Zustandsvektor, der gleichzeitig ein Eigenvektor für die z-Komponente und die x-Komponente des Spins eines Teilchens ist. Wir gelangen somit zu einem Widerspruch[2]).

---

[1]) In seiner Widerlegung des Paradoxons verneint *Bohr* diesen Punkt. Wenn er jedoch die von uns gezogenen Folgerungen zurückweisen kann, so nur deshalb, weil in seiner Vorstellung die physikalische Realität nicht mit der hier betrachteten Realität übereinstimmt, die von Instrumenten unabhängig ist.

[2]) Zu dem angegebenen Beispiel gibt es ein Analogon aus der klassischen Physik. Der Vergleich ist instruktiv. Man erhält ein analoges Modell durch die Betrachtung eines Wagens mit vier Rädern, dessen zwei Achsen gleich große, aber entgegengesetzt gerichtete Rotationsgeschwindigkeiten besitzen sollen und der sich frei im Raum befinden möge. Zum Zeitpunkt t_0 soll eine vorher im Zentrum des Wagens angebrachte Sprengladung explodieren und das Fahrzeug in zwei Teile U und V zerlegen. Die oben angestellten Überlegungen lassen sich Punkt für Punkt auf dieses Modell übertragen. Es ist richtig, daß Paul das Ergebnis einer Messung der z-Komponente des Spins von V vorhersagen kann, die Peter durchführen will, und daß dazu genügt, wenn er selbst die z-Komponente des Spins von U mißt. Es ist richtig, daß die z-Komponente diesen Wert bereits vor der Messung durch Paul hatte. Es ist schließlich richtig, daß sie diesen Wert auch gehabt hat, wenn sich Paul entscheidet, die x-Komponente zu messen. Die beiden Komponenten längs der x- und der z-Achse können hier jedoch gleichzeitig wohldefinierte Werte annehmen. Es ergibt sich also kein Widerspruch.

Das Paradoxon von *Einstein, Podolsky* und *Rosen* kann man in der vorangehenden Weise oder in beliebiger anderer Weise beschreiben. Wie immer man auch die Darstellung wählt, stets wirft sie, was die Natur der physikalischen Welt betrifft, ernste Probleme auf. Kein Theoretiker, für den die Physik mehr als ein Vorwand für einen schönen Formalismus ist, kann sich unserer Ansicht nach davon nicht betroffen fühlen. Es ist wahr, daß *Bohr* [22] 1935 eine Widerlegung geliefert hat. Seine Argumente gelten lassen und darüber hinweg gehen hieße jedoch, sich auf wankenden Grund zu begeben, *denn die Grundgedanken, von denen Bohr ausgeht, sind nicht die, welche in diesem Kapitel untersucht werden.* Die Vorstellungen *Bohrs* von der Natur der physikalischen Welt und den von ihm selbst gesetzten Problemen sind sicher originell und verdienen, daß ihnen später ein Kapitel gewidmet wird. Hier beschränken wir uns jedoch auf die Bemerkung, daß *Bohr* die Hypothese H nicht anerkennt.

Wenn im Rahmen der in diesem Teil des Buches entwickelten allgemeinen Grundgedanken die Widerlegung von Bohr nicht ohne weiteres akzeptiert werden kann, so heißt das doch nicht, daß man sich davon nicht inspirieren lassen darf. Wir wollen zu unserem Beispiel zurückkehren. Nach der Messung, die Paul zur Zeit t_1 an U vornimmt, besitzt V, wenn man die Hypothese H anerkennt, dem Kriterium von *Einstein, Podolsky* und *Rosen* zufolge zweifellos ein Element einer physikalischen Realität, das dem wohldefinierten Wert der z-Komponente seines Spins entspricht. Wir haben weiterhin gesehen, daß das System V diese Eigenschaft vor dem Zeitpunkt t_1 noch nicht besitzen kann, da diese Annahme zu einem Widerspruch führen würde. Schließlich kann V diese Eigenschaft, sofern sie als unabhängige Realität existiert, auch nicht im Zeitpunkt t_1 erworben haben, denn zu diesem Zeitpunkt ist V von U bereits isoliert gewesen. Der einzige Ausweg, der sich anbietet, liegt demnach in der Annahme, daß vor der an U angestellten Messung V *als physikalische Realität noch nicht existiert.* Diese Annahme ist schwer zu verstehen und noch schwerer vorstellbar, da ja zu der Zeit, von der wir sprechen, U und V bereits voneinander entfernt sein können (wenigstens in dem Sinn, daß die einzige Größe, die als Definition einer Entfernung zwischen diesen beiden Objekten dienen kann, nämlich der Abstand zwischen den Zentren der entsprechenden Wellenpakete, groß sein kann[1]). Die einzige bisher für das Paradoxon von *Einstein, Podolsky* und *Rosen* vorgeschlagene Lösung, die keine beobachtbaren Modifikationen der Quantenmechanik erfordert, liegt nichtsdestoweniger in der Annahme – in einem Sinn, wie sie in dieser Hinsicht auch *Bohr* machte, wobei jedoch nicht die gesamte Philosophie dieses Autors übernommen werden muß – daß die physikalische Realität manchmal untrennbar ist, daß sie das nur in Gedanken war, und daß das selbst in solchen Fällen eintreten kann, wo man sie sich naiv aus zwei oder mehreren vollständig unabhängigen Teilen zusammengesetzt vorstellt[2]).

---

[1]) Man beachte, daß man den Wellenpaketen jede gewünschte Dimension geben kann, wenn man mit geeigneten Abschließungen arbeitet, die den Spin nicht beeinflussen.

[2]) Es versteht sich von selbst, daß die Untrennbarkeit alle Bilder trügerisch werden läßt. Man beachte, daß die physikalische Realität unseres Beispiels und die Realität des Beispiels, das wir als sein klassisches Analogon bezeichnet haben, wenn das wahr ist, tatsächlich keine Ähnlichkeit mehr haben.

Daß diese Annahme tatsächlich die Paradoxie beseitigt, mag bei erster Überlegung wenig klar erscheinen: Die Messung von U, so könnte man sagen, wirkt trotz allem über die Distanz hin und gestattet, daß V mit allen seinen physikalischen Eigenschaften plötzlich an dem bestimmten Ort auftauchen kann, an dem es erscheinen soll[1]). Eine kurze Überlegung überzeugt jedoch leicht, daß die Vorstellung von einer untrennbaren Realität die Schwierigkeit tatsächlich beseitigt. Man kann in der Tat nicht mehr sagen, daß zum Zeitpunkt t_1 die Systeme U und V voneinander isoliert sind, da man nicht mehr von zwei zu diesem Zeitpunkt getrennt existierenden Systemen sprechen kann. Man kann bis zu einem gewissen Punkt auch „verstehen", daß die Folgen einer an einem gewissen Ort durchgeführten Manipulation an einen anderen Ort übertragen werden können[2]).

In Abschnitt 3 ergab sich, daß unter den Entitäten, denen man (wie man behaupten könnte, in mißbräuchlicher Verwendung des Wortes) den Namen *physikalische Systeme* gibt, gewisse vorkommen, denen man keinen Zustandsvektor zuordnen kann. In diesem Abschnitt haben wir darüber hinaus festgestellt, daß man diese Systeme, wenigstens von gewissen Gesichtspunkten aus, obwohl sie durch keine physikalische Wechselwirkung untereinander verbunden sind, nicht als mit eigenen physikalischen Eigenschaften existierend betrachten kann. Dieses Ergebnis läßt sich leicht auf alle Gesichtspunkte verallgemeinern, unter welchen man solche Systeme betrachten kann. Seine Bedeutung ist noch weit bemerkenswerter in der relativistischen Quantenmechanik, da in ihrer Beschreibung (wie anfangs (S. 7) in Erinnerung gerufen wurde) die Existenz des einen oder anderen Systems selbst nur eine Eigenschaft bzw. ein Zustand einer allgemeineren Entität ist. Es folgt daraus, daß π-Mesonen oder Proton-Antiproton-Paare, die bei Zusammenstößen mit hoher Energie erzeugt werden, keine *eigentliche* Realität besitzen. Soweit sie wenigstens „beobachtet" (siehe weiter unten) sind, ist die Potentialität, die ihnen entspricht, mit anderen beim Zusammenstoß auftauchenden „Objekten" in einer Realität versenkt, die untrennbar ist für jede korrekte Beschreibung.

All das führt schließlich zu einem Unterschied gegenüber dem Standpunkt der klassischen Physik, dessen Bedeutung man nicht genügend betonen kann. In der klassischen Physik wie in der Vorstellung, die uns das allgemeine Gefühl vermittelt, entstehen

---

[1]) Man kann das obige Beispiel leicht modifizieren und annehmen, daß das Molekül sich in eine gegebene Kugelwelle auflöst. Wenn man dann die Geschwindigkeit von U mißt, so bewirkt man gleichzeitig ein Auftauchen von V aus der „untrennbaren Realität" mit einer bestimmten Geschwindigkeit. Mißt man die Lage von U, so bewirkt man ebenso ein Auftauchen von V aus derselben „untrennbaren Realität", diesmal jedoch an einem wohlbestimmten Ort, der sehr weit vom eigenen Arbeitslaboratorium entfernt sein kann.

[2]) Eine oft gestellte Frage ist, ob diese momentane Modifikation der physikalischen Realität nicht im Widerspruch zur Relativität steht. Um jedoch der Relativität Rechnung zu tragen, müssen alle obigen Betrachtungen im Rahmen der relativistischen Quantenmechanik reformuliert werden, d.h. unseren gegenwärtigen Grundgedanken gemäß, im Rahmen der Quantentheorie der Felder. Man beachte jedoch, daß die besagte momentane Modifikation in keiner Weise ein „Signal" in dem Sinne ist, den die Relativitätstheorie diesem Wort erteilt, da es sich, genau gesprochen,dabei nicht um eine beobachtbare Tatsache handelt. Daß gewisse Eigenschaften der physikalischen Realität zwar nicht beobachtbar,aber trotzdem wahr und objektiv sind, ist leicht einzusehen und auf Grund der Hypothese H und des Korrolars C vollkommen normal.

nach einem Ereignis, bei dem zwei Systeme miteinander in Wechselwirkung gestanden sind – zum Beispiel nach einem Stoß – zwei oder mehrere Systeme, von denen jedes seine eigene Realität und seine speziellen Eigenschaften besitzt. In der Quantenphysik existiert nach dem entsprechenden Ereignis nur *ein einziges* globales System, und diesem untrennbaren Ganzen allein kann man (vielleicht) eine eigentliche physikalische Realität zuschreiben. Die Teilsysteme, wie man sie sich in Analogie zum klassischen Fall und in voreiliger Interpretation von experimentellen Befunden gerne vorstellen möchte, haben keine eigene physikalische Realität.

Jeder Kenner der Quantenmechanik, der sich der bequemen „orthodoxen" Tradition angeschlossen hat, wird hier einwenden, daß man hinzufügen müsse, „keine eigene physikalische Realität, ehe sie mit einem Meßinstrument in Wechselwirkung getreten sind", oder noch radikaler, „ehe sie nicht beobachtet worden sind". Wir wollen hier jedoch weder den Meßinstrumenten noch einem Beobachter spezielle Eigenschaften zuschreiben, welche über die Physik hinausgehen. Es handelt sich dabei genauso um physikalische Systeme, wie sie von den zu untersuchenden Systemen dargestellt werden. Ehe nicht das Gegenteil bewiesen ist, gelten die obigen Betrachtungen auch für sie. Aus diesem Grund erscheint uns der Inhalt des vorangehenden Einwands nicht aus sich selbst heraus evident.

Es ist jedoch möglich, daß irgendetwas Wahres daran ist. Tatsächlich ist es ja richtig, daß wir nach der Wechselwirkung zwischen einem Meßinstrument und einem Quantenobjekt in der Lage sind, die Eigenschaften (Zeigerstellung usw.) zu messen, die wir in ganz natürlicher Weise dem Instrument zuschreiben. Jedoch bildet dieses nur ein Teilsystem (das globale System besteht aus Instrument *und* Quantenobjekt). Trotzdem ist es nicht zu leugnen, daß wir bei einer derartigen Vorgangsweise fest daran glauben, den Finger auf eine Sache zu legen, die in gewisser Weise sicher reell ist. Wir müssen daher diese bemerkenswerten speziellen Wechselwirkungen untersuchen, welche die Meßprozesse physikalischer Größen darstellen.

6. Das Problem der Messung

Das Problem der Messung ist ein Grundlagenproblem. Es überrascht daher nicht, daß die Art und Weise seiner Lösung zu einem guten Teil von der Ausgangsbasis abhängt, die man den Beziehungen zwischen Mensch und Welt zugrunde legt. Jedoch gibt es gewisse Aspekte der Theorie der Messung in der Quantenmechanik, die keine Schwierigkeiten dieser Art hervorrufen und die sich aus diesem Grund einer allgemeinen Anerkennung erfreuen. Diese Aspekte verdienen es, zuerst untersucht zu werden. Wir werden diese Untersuchung rasch hinter uns bringen, wobei wir weder auf die Einzelheiten des mathematischen Formalismus eingehen wollen noch auf die Komplikationen, die im prinzipiellen Schema auftreten, wenn man vom Fall einer als ideal bezeichneten Messung (die einzige, die hier betrachtet wird) übergehen will zu einer wirklichen Messung. Die Einzelheiten der in Frage stehenden Aspekte sind in zahlreichen Werken beschrieben. Für die folgende Diskussion sind sie darüber hinaus entbehrlich.

Es sei B die Größe, um deren Messung es sich handelt, und **B** der entsprechende Operator, der auf den Zustandsvektor des Systems S wirkt, zu dem B gehört. Zur Vereinfachung darf man annehmen, daß die Eigenwerte b_k von **B** nicht entartet sind und ein diskretes Spektrum bilden. Die entsprechenden Eigenvektoren $|\varphi_k>$ spannen somit einen Hilbertraum H_B auf. Die zur Messung benützte Apparatur bezeichnen wir mit A. Mit x werde abkürzend ein vollständiges System von Beobachtungsgrößen bezeichnet, die vertauschbar sind und alle zu A gehören. Die in geeigneter Weise normierten Zustandsvektoren $|x>$ beschreiben somit alle möglichen Zustände von A. Das „Großsystem", d. h. definitionsgemäß das aus S und A gebildete physikalische System, soll Σ genannt werden.

Nehmen wir nun an, daß zu einem Zeitpunkt t_0 vor der Messung sich die Apparatur im Zustand $|X(t_0)>$ befindet (wobei man beachte, daß dieser durch eine Überlagerung

$$\int dx\, X(x,t_0)\, |x>$$

der Zustände $|x>$ gegeben ist). Das Großsystem Σ befindet sich dann in einem Zustand, der durch das direkte Produkt

$$|\Psi(t_0)> \quad |X(t_0)> \tag{1.17}$$

beschrieben wird. Nach der Wechselwirkung zwischen dem System und der Meßapparatur befindet sich Σ in einem Zustand, der mit Hilfe von Prinzip III aus Abschnitt 2 aus Gl. (1.17) folgt, d.h. mit Hilfe der zeitabhängigen Schrödingergleichung (kausaler Verlauf des Zustandsvektors). Dieser Zustand ist notwendigerweise eine Überlagerung der Zustände $|\varphi_k>|x>$ und daher vom Typ

$$\Sigma_k\, |U_k(t)>|\varphi_k> \equiv \Sigma_k \int dx\, U_k(x,t)\, |x>|\varphi_k>, \tag{1.18}$$

wobei sich die Summe für den Fall, daß zum Zeitpunkt t_0 S schon in einem Zustand $|\varphi_k>$ ist, auf einen einzigen Term reduziert.

Oft kommt es vor (und für die theoretisch einfachsten Meßapparate, die wir hier allein betrachten wollen, sei dies stets als erfüllt vorausgesetzt), daß die Funktionen $U_k(x, t)$, als Funktionen von x betrachtet, untereinander orthogonal oder beinahe orthogonal sind. (Das sind Wellenfunktionen, welche die Positionen c_k irgendwelcher makroskopischer Objekte beschreiben, zum Beispiel die Stellung der Spitze einer Nadel auf einem Rahmen. Solche Funktionen haben die Form von Wellenpaketen, die praktisch nicht interferieren. Siehe hierzu auch Abschnitt 3). In diesem Fall bildet Gl. (1.18) eine eindeutige Korrespondenz zwischen dem Zustand $|\varphi_k>$ von S nach seiner Wechselwirkung mit A und dem Zustand $|U_k(t)>$ von A selbst. Die exakte Bedeutung dieser Korrespondenz ist die folgende: Stellen wir uns – vorläufig – vor, daß dank irgendeiner Vorrichtung D (deren Funktion als Meßvorrichtung im Augenblick außer Diskussion steht) die Größen C und später B an einer Menge von Großsystemen vom Typ Σ gemessen werden, wobei jeweils B an S und C an A zu messen ist. In diesem Fall ergibt sich eine eineindeutige Korrespondenz zwischen jedem Wert von C und einem Wert von B. In der Entwicklung der Theorie der Messung kommt man hierauf zur Erkenntnis, daß folglich unter den Bedingungen, die wir angenommen haben, die letzte Messung von B mit Hilfe der Vorrichtung D in Wirklichkeit nicht notwendig gewesen wäre, um den Wert von B zu erhalten, da man die gleiche Information auch dadurch gewinnen könnte, daß man den Wert der Größe C untersucht, den diese an der Apparatur A angenommen hat. Den physikalischen Prozeß, der gerade beschrieben wurde (Wechselwirkung von S mit A), kann man daher als Messung[1]) der Größe B mit Hilfe von A betrachten.

Damit ist in sehr schematischer Form das Wesentlichste dargelegt, das allen Theorien der Messung gemeinsam ist. Offensichtlich ist jedoch das Problem durch die vorangehenden Betrachtungen noch nicht endgültig gelöst. In Wirklichkeit wurde das Problem nur auf ein anderes zurückgeführt. Es ist nämlich jetzt erst zu untersuchen,was man unter einer Messung von C an einem physikalischen System, wie es die Apparatur A darstellt, zu verstehen hat. In diesem Stadium ist die Theorie daher noch nicht vollständig. Leider besteht darüber, wie hier weiter vorzugehen ist, bei weitem keine Einigkeit.

Drücken wir uns noch klarer aus: Die Natur des Problems ist so beschaffen, daß eine einfache und allgemeine Lösung, die von keiner speziellen Eigenschaft der Apparatur abhängig ist, sich auf den ersten Blick anzubieten scheint, wie man sogleich sehen wird. Einige Darstellungen geben sich damit auch zufrieden und suchen nicht weiter vorzudringen. Ein strengeres Studium zeigt jedoch leicht – und das ist von zahlreichen Autoren hervorgehoben worden – daß diese Lösung allgemein betrachtet nicht korrekt ist. Unsere Aufgabe ist es, den Grund dafür anzugeben. Wir werden hierauf im Gegensatz dazu feststellen, daß eine Lösung, vorausgesetzt, daß eine gefunden werden kann, stets explizit gewisse Eigenschaften des physikalischen Systems – der Meßapparatur – heranzieht, das zur Ausführung verwendet wird.

Im gegenwärtigen Kapitel wird nur der erste Teil, d.h. der negative Teil dieser Analyse beschrieben. Tatsächlich betreffen nämlich alle Annahmen, die zur Vollendung der Theorie der Messung gemacht wurden und die (ganz im Sinne dieses Kapitels) im Rahmen einer rein objektiven Beschreibung der Natur bleiben, *klassische* oder *makroskopische* Eigenschaften der Apparatur. Diese gehören somit unter das folgende Kapitel, wo solche Eigenschaften eingeführt werden.

Woraus besteht nun die einfache und allgemeine Lösung, worin man bisweilen (jedoch zu künstlich) die vollständige Antwort auf das Problem der Messung zu erblicken glaubt? Sie beruht vollständig auf der übrigens vollkommen richtigen Bemerkung, daß dann wenn man eine *Menge* E von Großsystemen Σ einführt (Systeme S *und* Apparaturen), die Menge der Systeme S nach der Wechselwirkung keinen reinen Fall mehr darstellt, d.h. (siehe obigen Abschnitt), daß sie nicht mehr durch einen Zustandsvektor repräsentierbar ist. Tatsächlich stellt man nämlich mit Hilfe der allgemeinen Theorie aus Abschnitt 4 fest, daß bezüglich allem, was die am leichtesten realisierbaren Beobachtungen betrifft – nämlich die, welche nur S allein angehen und nicht die komplizierten Korrelationen zwischen

[1]) Tatsächlich handelt es sich um eine Messung von B *nach* der Wechselwirkung mit A. Nur wenn man weiß, daß B einen präzisen Wert vor der Wechselwirkung besitzt, kann man diesen Wert durch die oben beschriebene Messung finden, wobei man in jedem Fall von der der benützten Anordnung eigenen Dynamik Gebrauch macht.

Größen von S und A – diese Menge in korrekter Weise durch die Dichtematrix M′ (Gl. (1.15)) beschrieben wird. M′ gehört jedoch zu einem Gemenge. Also kommt man zu dem Schluß, daß die Systeme S (wie natürlich auch die Systeme A) in Wirklichkeit ein Gemenge bilden. Verfolgt man die Argumentation weiter, so gelangt man zur Feststellung, daß gewisse Systeme S durch den Eigenvektor $|\varphi_1>$ beschrieben werden, d.h. daß die physikalische Größe B für dieses System objektiv den Wert b_1 hat, während andere Systeme durch den Eigenvektor $|\varphi_2>$ beschrieben werden, d.h. daß die Größe B den Wert b_2 hat usw. Der oben angeführten Korrespondenz entsprechend hat die Größe C von A die Werte c_1 oder c_2 usw., so daß ein Beobachter, der A „betrachtet" und „sieht", daß die Nadel auf c_k zeigt, gleichzeitig erfährt, daß B den Wert b_k besitzt, *ohne in irgendeiner Weise irgendetwas am System S zu ändern.* Das ist genau das, was eintreten müßte, wenn die klassische Physik wahr wäre. Es kann als Bedingung dafür angesehen werden, daß eine Theorie der Messung wirklich „objektiv" ist. (Man könnte auch sagen, es sei die Bedingung dafür, daß die Prinzipen VII und III aus Abschnitt 2 miteinander verträglich sind). Ebenso befriedigt es festzustellen, daß wenigstens dem Anschein nach die Dinge sich so verhalten, wie es gerade ausgedrückt wurde.

Leider aber hat es wirklich nur den Anschein, als ob es sich so verhielte. Sehen wir momentan von jeder speziellen Eigenschaft der Apparatur ab (wir kommen im folgenden Kapitel wieder darauf zurück) und halten wir uns Wort für Wort an die vorangehende Beschreibung. Der Beweis dafür, daß diese falsch ist – wenigstens für den, der an die Existenz einer eigentlichen physikalischen Realität glaubt – kann dann durch Aufdeckung eines Widerspruchs leicht geführt werden. Wenn die in Frage stehende Beschreibung richtig wäre, müßten alle beobachtbaren Folgerungen und nicht nur gewisse davon wahr sein, d.h. – da wir davon absehen, A spezielle Eigenschaften zu geben – mit den Vorhersagen übereinstimmen, die man aus den allgemeinen, auf die Menge E der Systeme Σ angewandten Prinzipien der Quantenmechanik ableiten kann. Betrachten wir nun eine physikalische Größe B', die von B verschieden ist, aber auch zu S gehört, und eine von C verschiedene Größe C', die ebenso zur Apparatur A gehört. Die Quantenmechanik, angewandt auf die Menge E, sagt wohlbestimmte statistische Korrelationen zwischen den Ergebnissen der Messungen von B' und denen von C' voraus (die Messungen dürfen mit beliebigen Vorrichtungen erfolgen). Aber wie bereits in Abschnitt 3 behauptet wurde und wie die Arbeit von *Furry*[74] zeigt, sind diese Korrelationen nicht identisch mit denen, die vorausgesagt werden, wenn wie bei der obigen Beschreibung jedes System S der Menge E einen wohldefinierten Zustandsvektor besitzt und dasselbe auch für jedes der Systeme A gilt. Somit finden wir, übrigens in einem im wesentlichen gleichen Zusammenhang, das grundlegende Ergebnis aus Abschnitt 3 wieder: Keine Beschreibung, die jedem System S einen wohldefinierten Zustandsvektor zuordnet, ist geeignet, die physikalische Realität so darzustellen, wie sie wirklich ist, wenn die Quantenmechanik exakt ist. Das aber ist es, was zu beweisen war.

Die vorangehende Folgerung ist selbstverständlich kein Geheimnis. Es ist nicht im geringsten falsch, wenn man sagt, daß nach der Wechselwirkung von S mit A die Menge der Systeme S ein Gemenge ist. Wenn man aber jedes Mißverständnis vermeiden will, muß man sagen, daß es sich um ein Gemenge „im übertragenen Sinn des Wortes handelt" oder um ein „uneigentliches“ Gemenge, um die in Abschnitt 4 eingeführte Ausdrucksweise zu benützen. Aus dem exakten Ergebnis, daß die Dichtematrix (verwendbar allein für Vorhersagen bezüglich S) M′ ist, kann man mit keinerlei Berechtigung auf weitere Tatsachen schließen, welcher Art diese auch immer sein mögen. Es ist insbesondere auch nur eine Wortspielerei, wenn man darauf hinweist, daß dieses Gemenge im übertragenen Sinne des Wortes notwendig einem Gemenge im eigentlichen Sinne äquivalent ist, und wenn man daraus schließen will, daß die Systeme S wohldefinierten Zustandsvektoren entsprechen, was doch, wie wir gerade gesehen haben, falsch ist.

Zum Abschluß kann man sich fragen, ob man unter der Annahme, daß die Menge, welche den Anfangszustand der Apparatur beschreibt, nicht einem reinen Fall, sondern einem Gemenge entspricht, die vorangehenden Folgerungen umgehen kann. Man gewinnt jedoch leicht die Überzeugung, daß dies nicht der Fall ist. In einer vor kurzem erschienenen Arbeit[152] hat *Wigner* einen sehr allgemeinen Beweis für dieses Ergebnis geliefert[1)].

7. Die Interpretation durch von Neumann

Die Folgerungen des vorangehenden Abschnitts sind negativ. Wie aber stellen Physiker, die den Meßprozeß mit Sorgfalt studiert haben, diesen nun dar? Die Antwort variiert von einem zum anderen, wie wir bereits bemerkt haben. Wir wollen mit der Beschreibung des oft zitierten Prinzips der Interpretation durch *von Neumann* beginnen.

Wenn diese Interpretation im Rahmen eines Kapitels dargeboten wird, das der von uns als „realistisch“ bezeichneten These gewidmet ist, so soll damit nicht behauptet werden, daß sich notwendigerweise das eine in das andere einfügt. Diese Frage ist in Wirklichkeit schwer zu beantworten. Wir verschieben sie daher besser auf später. Die Grundgedanken von *von Neumann* haben jedoch von Anfang an eine große Rolle in allen Diskussionen gespielt, die das Problem der Messung betreffen, und es ist aus diesem Grund empfehlenswert, ihren Inhalt an dieser Stelle darzulegen.

Von Neumann geht von der Feststellung aus, daß eine Beobachtung in Wirklichkeit eine komplizierte Folge von Wechselwirkungen ist und daß die Unterscheidung zwischen dem „gemessenen“ System und dem „messenden“ System zum Großteil willkürlich ist. Um konkret zu werden betrachten wir mit dem Autor die Messung der Temperatur eines Objektes. An diesem Prozeß sind beteiligt: das Objekt selbst, der Thermometerbehälter, die Quecksilbersäule, das von der Quecksilberoberfläche reflektierte Licht, die Linse des Auges des Beobachters, dessen Netzhaut, der Sehnerv, die Gehirnzellen usw. Wenn wir aus irgendeinem Grund ein „beobachtetes“ System und ein „beobachtendes“

---

1) In der zitierten Arbeit verwendet *Wigner* das Wort Gemenge im ersten Sinn. Hätte sein Argument auch dann noch Gültigkeit, wenn man dieses Wort im übertragenen Sinn gebrauchte, d.h. wenn die Apparatur selbst Bestandteil eines umfassenderen Systems A+A′ wäre? Die Antwort ist ja. Der Teil A′ kommt in der vom Autor angestellten Diskussion nicht vor. Die beiden Bedeutungen des Wortes „Gemenge“ sind hier also äquivalent.

System unterscheiden wollen, oder kürzer, ein beobachtetes System und einen Beobachter, wo ziehen wir hier die Grenze? Offensichtlich spielt hier die Oberfläche des menschlichen Körpers keine ausgezeichnete Rolle. In jeder Wahl, die wir treffen, liegt ein beachtliches Maß an Willkür. Wir können sagen, daß das beobachtete System das Objekt selbst ist, daß die vom Instrument registrierte Größe dessen Temperatur an der Kontaktstelle mit dem Rezipienten des Thermometers ist, und wir können das Thermometer, das reflektierte Licht usw. zum „Beobachter" zählen. Wir können aber zum Beispiel auch annehmen, daß sich das beobachtete System aus dem Objekt und dem Thermometer zusammensetzt, der Beobachter hingegen aus dem reflektierten Licht usw., oder auch, daß zum beobachteten System noch das Licht gehört, das gesamte Auge und der Sehnerv, während der Beobachter erst beim Gehirn beginnt. In diesem letzten Fall ist die Größe, deren Registrierung die Messung ausmacht, nichts anderes als der elektrische Strom des Sehnervs. Wenn unsere Kenntnisse von der Physiologie tiefer wären, als es tatsächlich der Fall ist, könnten wir offenbar die Grenze noch weiter in das Innere gewisser kortikaler Zellen oder gewisser Elemente davon verlegen. Jedoch – und dies ist die grundlegende Annahme des Autors – wie tief ins Innere des menschlichen Organismus wir auch immer diese Grenze zurückweichen lassen, stets müssen wir sie irgendwie fixieren. Wir haben dann eine physikalische Größe zu betrachten, ein chemisches Potential, paarweise molekulare Bindungen, oder was es auch immer sein mag, deren Existenz allein noch nicht eine Messung durch sich selbst darstellt, ebenso wenig wie die Existenz des vom Quecksilber des Thermometers reflektierte Licht oder des elektrischen Stroms des Sehnervs. Wir müssen daher schließlich hinzufügen: „und diese Größe (reflektiertes Licht, elektrischer Strom, chemisches Potential oder gegebenenfalls etwas anderes) wird vom Beobachter erfaßt".

Wenn man die Behauptung von *von Neumann* als *a priori*-Urteil betrachtet, so bietet sie ein typisches Beispiel für eine Aussage, die für die einen unmittelbar klar und a priori evident sein kann, für andere aber wieder im Gegensatz dazu ein Übermaß an Willkür darstellt. Akzeptieren wir die Behauptung jedoch einmal ohne Widerspruch für die folgende Diskussion. Der wesentliche Punkt liegt darin, daß wir, wenn wir die Behauptung übernehmen, die Prinzipien der Quantenmechanik unmittelbar so reformulieren können, daß alle mit der Theorie der Messung verbundenen Schwierigkeiten beseitigt werden. Diese Reformulierung besteht einfach in der Bemerkung, daß die in der Aussage von Prinzip VI (Abschnitt 2) erwähnten „gewissen Ereignisse" Beobachtungen und Messungen und nur Beobachtungen und Messungen sind. (Durch eine Folge einfacher Umformungen der Aussagen gelangt man dann leicht zur üblichen auf Seite 6 angeführten Formulierung). Man zeigt hierauf leicht, daß die so modifizierten Prinzipien zu beobachtbaren Vorhersagen führen, die unabhängig davon sind, wo man die Grenze zwischen System und Beobachter zieht. Unter diesen Bedingungen wird die Unsicherheit darüber, was nun den Beobachter (ein „anderes System" in der Aussage von Prinzip VI) im wesentlichen ausmacht, nicht beseitigt, sie ist jedoch nicht mehr von Bedeutung. Die Prinzipien VII und III aus Abschnitt 2 (Reduktion des Wellenpakets und zeitabhängige Schrödingergleichung) sind untereinander kohärent und können, wie man sich leicht überzeugt, niemals miteinander in Konflikt geraten.

Die Frage, ob eine Interpretation dieser Art zu den *realistischen* (oder wenn man will, *materialistischen*) Interpretationen der Quantenmechanik zu zählen ist, wird wie bereits angekündigt an anderer Stelle wieder aufgenommen werden. Eines ist jedoch bereits evident: Wenn diese Interpretation wirklich mit einer realistischen Beschreibung verbunden werden darf, so muß sich ein Teil der existenten Realität, nämlich der „Beobachter" selbst, oder wenigstens das, was ihn letzthin ausmacht (sein „Geist", wenn man diese Sprechweise vorzieht), außerhalb des Rahmens der Systeme befinden, die den Gesetzen der Quantenmechanik gehorchen. Dieser Schluß mag Wohlgefallen oder Mißfallen erregen, man muß jedoch freimütig bekennen, daß man ihm bei den gesetzten Prämissen nicht mehr entgehen kann.

Die Folgerungen aus diesem Kapitel sind negativ. Die oben angetroffenen Schwierigkeiten beim Versuch, die Prinzipien der Quantenmechanik zu formulieren, ohne einen „Beobachter" einzuführen, sind von zweierlei Arten. Einerseits bestehen sie darin, daß die physikalische Realität von zwei Systemen, die in der Vergangenheit miteinander in Wechselwirkung gestanden sind, nicht „trennbar" ist. Andererseits beruhen sie darauf, daß es – wenigstens sofern man keine speziellen Eigenschaften der Apparatur in Betracht zieht – unmöglich ist, die Tatsache korrekt zu beschreiben, daß physikalische Größen, wenn sie einem als „Messung" bezeichneten Prozeß unterliegen, sehr allgemein ausgedrückt, definierte Werte annehmen.

Die Tatsache, daß Quantensysteme, die in der Vergangenheit mit anderen Systemen in Wechselwirkung getreten sind, mit diesen gemeinsam ein untrennbares Ganzes bilden, ist a priori ziemlich verwirrend, besonders wenn man daran denkt, daß letztlich ein beliebiges System, wie groß es auch sein mag, eine Zusammenfassung von Teilchen und Kräften ist, die den Gesetzen der Quantenmechanik gehorchen. Wenn es also wahr ist, daß ein Proton der kosmischen Strahlung, das von irgendeinem Stern stammt, keine ihm eigenen physikalischen Eigenschaften besitzt, sondern mit den anderen Protonen, die auf dem besagten Stern zurückgeblieben sind, ein untrennbares Ganzes bilden, dann muß dieselbe Behauptung auch für jedes Proton einer Ansammlung von mehreren solcher Protonen gelten. Auf den ersten Blick erkennt man auch nicht, warum dasselbe nicht auch für eine Menge gelten sollte, die aus einer großen Zahl von abgestrahlten Protonen besteht. Einer Ansammlung einer großen Zahl von Teilchen kann man aber makroskopische Eigenschaften zuschreiben, wie zum Beispiel ihre mittlere räumliche Lage oder ihre mittlere Geschwindigkeit. Wenn das keine zur Ansammlung gehörenden Eigenschaften wären, so könnte man auch nicht sagen, daß ein Stern – wie wenig er auch in der Vergangenheit mit anderen Himmelskörpern in Wechselwirkung gestanden ist – wenn auch nur angenähert eine bestimmte Position besitzt, und die Welt, in der wir leben, würde in Wahrheit immer fremder. Was das Problem der Messung betrifft, ist die Situation ähnlich: Wir dürfen nicht hoffen, das Problem zu lösen, ehe wir nicht gewisse spezielle Eigenschaften der Apparatur in Rechnung ziehen, die Quantensysteme im allgemeinen nicht besitzen. Von diesen Eigenschaften darf man vernünftigerweise annehmen, daß sie etwas mit dem „makroskopischen" Charakter zu tun haben, der notwendigerweise jeder Apparatur eigen ist.

Das sind die Gründe, warum in der Vergangenheit so große Anstrengungen gemacht wurden und heute noch gemacht werden, um von dem von uns eingenommenen Standpunkt aus die makroskopischen Eigenschaften von Systemen aus einer großen Zahl von Teilchen zu untersuchen, oder noch besser gesagt, die speziellen Eigenschaften zu untersuchen, die makroskopische Systeme besitzen. Das folgende Kapitel bringt eine mehr oder weniger schematische Übersicht über die diesbezüglich unternommenen Versuche.

II. Die makroskopischen Eigenschaften

Ist es von kleinen Körpern nur
ein schwereres Gefüge?
Molière. Les femmes savantes

1. Allgemeines

Dieses Kapitel bietet wie das vorhergehende einen Bericht über die Anstrengungen, die gemacht wurden, um die Quantenmechanik in einer rein „realistischen" Form zu verstehen, d. h. unter Beibehaltung des Prinzips, daß eine physikalische Realität „existiert", und zwar auch dann, wenn es kein mit Bewußtsein behaftetes Wesen gibt, das befähigt wäre, sie durch seine Sinne zu erfassen. Wir werden weiterhin unsere Überzeugung bewahren, daß diese physikalische Realität bekannt sein kann, und daß es gerade das Ziel der Wissenschaft sein muß, zu beschreiben, was sie in Wirklichkeit ausmacht. Diesen beiden Annahmen fügen wir in expliziter Form eine dritte hinzu, die offensichtlich keine Folgerung aus den beiden ersten ist und die wir als „monistische" oder „unirealistische" Hypothese bezeichnen: ***Es gibt in unserer Welt nur eine einzige Realität, oder anders ausgedrückt, alles, was existiert, ist rein physikalischer Natur.***

Selbstverständlich ist diese Behauptung ohne eine Definition des Wortes „physikalisch" zu unbestimmt. Auf Grund der allen unseren Untersuchungen zugrunde liegenden Hypothese, daß die Prinzipien der Quantenmechanik auf alle Systeme der Physik ohne Modifikationen anwendbar sind, kann man jedoch die unirealistische Hypothese in einer präziseren Form auf die folgende Art formulieren:

Unirealistische Hypothese (zweite Fassung): Alles, was in der Natur existiert, gehorcht den Gesetzen der Quantenmechanik. Insbesondere wird von den Phänomenen, die man im allgemeinen als psychologische Phänomene bezeichnet, angenommen, daß sie, wie alle anderen, diesen Prinzipien unterliegen.

Es bleibt noch zu sagen, worin der Hauptunterschied zwischen der Ausgangsbasis dieses Kapitels und denen der vorangehenden Kapitel besteht. Er liegt darin, daß wir jetzt nicht mehr fordern, daß solche individuellen mikroskopischen Systeme, welche in unserer Sprache gewöhnlich von der Realität abstrahiert werden (Atome, Teilchen) getrennte Existenz besitzen, noch daß mit diesen spezifische physikalische Eigenschaften verbunden sind. Mit anderen Worten heißt das, wir berücksichtigen die Beobachtung von ***Einstein*** und betrachten es, um jeden inneren Widerspruch der Theorie zu vermeiden, als Tatsache, daß mikroskopische Systeme, die in der Vergangenheit in Wechselwirkung gestanden sind, ein untrennbares Ganzes bilden. Indem wir so vorgehen, hoffen wir, daß sich für die Schwierigkeiten, denen man bei der gewöhnlichen Beschreibung des Universums begegnet – insofern es aus unterschiedlichen Objekten besteht – auf diese oder jene Weise, je weiter wir fortschreiten, von selbst eine Lösung findet. Schließlich berücksichtigen wir die Tatsache, daß bei einem Meßprozeß die gemessene Größe als durch das Experiment gegeben einen definierten Wert annimmt, der folglich objektiv wahr ist.

Unser Grundpostulat beinhaltet, wie bereits mehrmals erklärt wurde, die Annahme, daß alle verifizierbaren Konsequenzen der Gesetze der Quantenmechanik objektiv wahr sind. Diese müssen daher als experimentell geprüfte Tatsachen betrachtet werden, auch in jenen Fällen, in denen das Experiment zwar theoretisch ausführbar ist, (aus technischen Gründen) jedoch so schwierig zu realisieren ist, daß es bisher noch nicht durchgeführt wurde und in naher Zukunft auch nicht durchgeführt werden kann. Diesem ersten Postulat können wir in expliziter Form ein zweites hinzufügen, das in Wirklichkeit implizit in der Grundvorstellung enthalten ist, daß wir uns physikalische Realitäten formen (selbst wenn sie indeterministischen Gesetzen gehorchen). Das Postulat lautet: Wenn zwei Mengen von Objekten einer völlig identischen Behandlung ausgesetzt sind und wenn die Beobachtung in der Folge einen statistisch bedeutsamen Unterschied zwischen den beiden liefert, so heißt das, daß die beiden Ausgangsmengen objektiv nicht identisch waren.

Unter Benutzung beider Postulate dürfen wir – ohne jede Konzession an den Positivismus – behaupten: Jedesmal wenn die Quantenmechanik irgendeinen beobachtbaren Unterschied (sei er auch nur statistischer Art) zwischen den Ergebnissen von an zwei Systemen ausgeführten Experimenten vorhersagt (oder um genauer zu sein, an zwei Mengen, von denen jede aus N Exemplaren eines Systems besteht), so bedeutet dies, daß die physikalischen Realitäten dieser zwei Systeme objektiv verschieden sind. Wenn im Gegensatz dazu die mathematische Beschreibung von zwei vollkommen verschiedenen Systemen zu keinen grundsätzlich beobachtbaren Unterschieden führt (der Fall von zwei isolierten Systemen, die durch nur in der Phase verschiedene Zustandsvektoren beschrieben werden, bietet das einfachste Beispiel), so liegt nach unseren Postulaten kein Grund dafür vor, die physikalischen Realitäten der zwei Systeme als verschieden zu betrachten.

Diese Bemerkung liefert in der Tat den Schlüssel zu allen Versuchen, die unternommen wurden, um das Problem der Messung im Rahmen einer rein realistischen Theorie zu lösen. Die allgemeine Idee lautet so: Wenn wir zeigen können, daß für die speziellen Systeme $\Sigma = S+A$, wobei S das untersuchte System ist und A ein System, das alle für ein Meßinstrument charakteristischen Eigenschaften besitzt, streng genommen kein Unterschied in den Vorhersagen eintritt, wenn man an die Stelle der Beschreibung durch einen einzigen Vektor eine Beschreibung durch ein geeignetes echtes Gemenge[1]) setzt, so können wir eine vollkommen objektive Beschreibung der physikalischen Realität konstruieren, welche die folgenden Charakteristiken besitzt:

a) Sie impliziert, das ergibt sich unmittelbar, keine eindeutige Korrespondenz zwischen der Realität und dem Zustandsvektor.

b) Sie ist dem Wesen nach indeterministisch, d. h. daß sich die individuellen Systeme mit identischer physikalischer Realität verschieden verhalten können.

---

[1]) Gemeint ist ein echtes Gemenge, das dieselben statistischen Vorhersagen liefert wie der reine Fall, und zwar was die Messungen an S allein und die Messung einer einzigen Korrelation zwischen S und A betrifft, nämlich die Korrelation in bezug auf die physikalische Größe, zu deren Messung A dienen soll. Wir wissen, daß dieses Gemenge existiert. Siehe hierzu Kapitel I, Abschnitt 4.

c) Sie ist so beschaffen, daß nach dem Meßprozeß die physikalische Realität der Systeme Σ ebenso gut durch den vollständigen Zustandsvektor von Σ (vom Anfangszustand ausgehend mit Hilfe der zeitabhängigen Schrödingergleichung berechnet) repräsentiert wird wie durch einen einzigen seiner Terme, der dem definierten Wert der durch A gemessenen physikalischen Größe entspricht.

Wie müssen wir nun vorgehen, wenn wir ein derartiges Programm erfüllen wollen? Alles in allem haben wir zwei Dinge zu beweisen. Erstens ist der Nachweis dafür zu bringen, daß es eine Klasse von Systemen gibt, nennen wir sie A, die so beschaffen sind, daß für beliebige Systeme $\Sigma = S+A$ keinem denkbaren Experiment zufolge ein Unterschied in den Vorhersagen aus dem vollen Zustandsvektor und den Vorhersagen durch ein geeignetes Gemenge besteht. Als zweites müssen wir nachweisen, daß alle denkbaren „Meßapparaturen" zu dieser so definierten Klasse gehören, d. h. alle Apparaturen, die tatsächlich für eine physikalische Größe die Selektion eines definierten Wertes bewirken, wie er nach Prinzip VI (Seite 14) zu erwarten ist.

Ehe wir an eine detaillierte Beschreibung dessen gehen, was im Rahmen der eben angeführten Grundgedanken bisher gefunden wurde, muß noch ein besonders wichtiger Punkt hervorgehoben werden. Zur Vermeidung jedes Mißverständnisses ist es natürlich wesentlich, daß nach Wahl eines Satzes von Postulaten dieser in unveränderter Form beibehalten wird. Insbesondere ist es offensichtlich zu vermeiden, daß unbewußt ein mit dieser Wahl unverträgliches Postulat eingeführt wird, etwa durch irgendeine im Laufe der Untersuchung getroffene Annahme. Hier handelt es sich um die oben definierten Postulate des „Unirealismus", deren Folgerungen untersucht werden sollen, und man hat daher natürlich darauf zu achten, daß diese in keiner Weise mit Ideen vermischt werden, die vom Positivismus oder von einer anderen Quelle entlehnt sind. Man muß sich in Erinnerung rufen, daß ein Beobachter als einfaches physikalisches System unter anderen solchen zu betrachten ist. Auch haben die Worte „Kenntnis erlangen", „entscheiden" usw. (wir hatten uns bereits auf einen analogen Standpunkt gestellt und hier ist es nun angebracht, darauf zurückzukommen) nicht die Bedeutung, die ihnen zukommt, sobald man sie auf gewöhnliche physikalische Systeme anwendet. Selbst in den Fällen, wo sie tatsächlich mit Vorteil verwendet werden – zum Beispiel in Verbindung mit elektronischen Rechnern – beschreiben sie keine physikalische Veränderung, die wesentlich verschieden wäre von anderen, wir wollen sagen, von solchen, die man durch die üblichen physikalischen Gesetze beschreibt.

In Wirklichkeit lassen sich alle Phänomene von Maschinen, die „Informationen gewinnen", „umordnen" und „Entscheidungen treffen", offensichtlich auf weniger bildhafte, dafür aber vollständigere Art beschreiben, indem man die Einzelheiten der physikalischen Abläufe und die Veränderungen ihrer verschiedenen Teile angibt. In einer unirealistischen Theorie der Natur kann man daher, das ist evident, diesen Worten keinen speziellen Sinn zuordnen, der über die physikalische Beschreibung hinausgeht. Das läuft darauf hinaus zu sagen, daß es immer möglich sein muß, eine Formulierung mit Hilfe dieser Worte durch eine andere äquivalente Formulierung zu ersetzen, die nur von den üblichen Begriffen der Physik Gebrauch macht.

Eine Folge davon ist, daß die Definition dessen, was im obigen Paragraphen als Klasse der Systeme A bezeichnet wurde, so beschaffen sein muß, daß sie wie jede beliebige andere Aussage der Theorie mit Hilfe der gewöhnlichen Begriffe der Physik ausdrückbar ist, d. h. ohne die Worte „wissen", „fähig sein zu beobachten" usw. ins Spiel zu bringen. Es besteht kein Widerspruch zwischen der eben formulierten Forderung – die offenbar einen wesentlichen Teil der unirealistischen Philosophie ausmacht – und dem, was wir früher bezüglich der beobachtbaren Konsequenzen der Quantenmechanik gesagt haben. Eine Analyse zur Klärung, welche Experimente durchgeführt werden können und welche nicht – mit anderen Worten eine Untersuchung dessen, was prinzipiell beobachtbar ist, und dessen was prinzipiell nicht beobachtbar ist – ist offensichtlich sehr wichtig, um einzusehen, woraus die Klasse der Systeme A zu bestehen hat, und um zu zeigen, daß alle Systeme, die tatsächlich als Meßapparaturen in Frage kommen, zu dieser Klasse gehören. Hat man eine Definition der Klasse der Systeme A erstellt und hat man hinreichend nachgewiesen, daß es bei dieser Definition keinen beobachtbaren Unterschied zwischen den Vorhersagen des reinen Falls und denen des entsprechenden echten Gemenges geben kann, so muß zuletzt nur noch nachgewiesen werden, daß in der Aussage der in Frage stehenden Definition nur physikalische Begriffe verwendet werden, d. h. daß darin Worte wie „wissen", „fähig sein zu beobachten" usw. nicht vorkommen. Im gegenteiligen Fall müssen wir ohne Einschränkungen in der Lage sein, die Aussage in einer Weise zu reformulieren, daß alle diese Worte verschwinden. Wenn nämlich diese Welt nur aus Physikalischem gemacht ist, so müssen wir auch in der Lage sein, alles was sie enthält, mit Hilfe der physikalischen Begriffe allein zu beschreiben.

2. Theorie der statistischen Phasenresorption[1]

Bevor wir zur Diskussion von verfeinerten Theorien übergehen, sollen noch einige Worte über einen Versuch zu einer elementaren Lösung des Problems angeführt werden, die man bisweilen zitiert. Um konkret zu werden, wählen wir zu diesem Zweck ein spezielles Beispiel, nämlich die Messung der Komponente S_z des Spins eines Teilchens längs einer angegebenen z-Achse, dem wir der Einfachheit halber den Spin 1/2 zuschreiben. Die Eigenvektoren von S_z werden mit $u_+>$ und $u_->$ für $S_z = +1/2$ und $S_z = -1/2$ bezeichnet. Wir nehmen an, daß vor der Messung das Teilchen einen Spin besessen hat, dessen Richtung nicht mit der z-Achse zusammenfiel, d. h. also daß sein Zustandsvektor durch eine Linearkombination der Form

$$a_+ \mid u_+ > + a_- \mid u_- > \qquad (2.1)$$

[1] Die Abschnitte 2, 3, 4 und 5 sind technischer Art. Der letzte Absatz von Abschnitt 5 enthält eine Zusammenfassung ihrer Folgerung.

gegeben war, wobei a_+ und a_- Zahlen sind, die der Bedingung

$$|a_+|^2 + |a_-|^2 = 1 \qquad (2.2)$$

genügen.

Aus Erfahrung wissen wir (und das ist der Inhalt von Prinzip VII, Seite 15, daß nach der „Messung“, d. h. – so behaupten wir – nach der Wechselwirkung mit dem Instrument, der Zustandsvektor für den Spin nur $|u_+\rangle$ oder $|u_-\rangle$ sein kann (und daß die Wahrscheinlichkeiten für den einen oder anderen Fall durch $|a_+|^2$ und $|a_-|^2$ gegeben sind). Das Problem besteht nun darin, herauszufinden, wie es möglich ist, daß die Wechselwirkung mit der Meßapparatur – die als Wechselwirkung zwischen zwei physikalischen Systemen natürlich durch die zeitabhängige Schrödingergleichung, d. h. durch Prinzip III beschrieben wird – zu diesem Ergebnis führen kann.

Die Antwort, welche die von uns diskutierte elementare Lösung liefert, kann man auf die folgende Art zusammenfassend schildern:

„a) Als Folge der Wechselwirkung mit der Meßapparatur ist der Zustandsvektor des Systems, an dem gemessen wird (hier der Zustandsvektor des Teilchenspins) nicht (2–1), sondern

$$\Psi\rangle = \alpha_+ |u_+\rangle e^{i\alpha} + (x) + \alpha_- |u_-\rangle e^{i\alpha} - (x), \qquad (2.3)$$

wobei $\alpha_+(x)$ und $\alpha_-(x)$ Zahlen bedeuten, die in entscheidender Weise von den inneren Koordinaten x der zur Messung verwendeten Apparatur abhängen. Um noch präziser zu werden: wir nehmen an, daß diese Zahlen in durchaus empfindlicher Weise von den kleinsten Einzelheiten der Apparatur abhängen, etwa vom Zustand der einzelnen Atome usw., die von Experiment zu Experiment beträchtlich variieren.“

„b) Betrachten wir nun den Mittelwert $\bar{B}$ einer beliebigen zum „System“ gehörenden Größe (hier die Spinkomponente längs einer beliebigen Richtung oder eine bebeliebige Funktion dieser Komponente). Wenn **B** der entsprechende Operator ist, so gilt

$$\begin{aligned}\bar{B} = \; & \langle\Psi|\mathbf{B}|\Psi\rangle = |a_+|^2 \langle u_+|\mathbf{B}|u_+\rangle + |a_-|^2 \langle u_-|\mathbf{B}|u_-\rangle + \\ & + 2\,\mathrm{Re}\,[a_+{}^*a_- \langle u_+|\mathbf{B}|u_-\rangle] \cos(\alpha_+ - \alpha_-) + \\ & + 2i\,\mathrm{Im}\,[a_+{}^*a_- \langle u_+|\mathbf{B}|u_-\rangle] \sin(\alpha_+ - \alpha_-)\end{aligned} \qquad (2.4)$$

Die Größen α_+ und α_- ändern sich ohne Gesetzmäßigkeit von Experiment zu Experiment, und zwar so, daß bei Verwendung ihres Mittelwerts die Ausdrücke $\cos(\alpha_+ - \alpha_-)$ und $\sin(\alpha_+ - \alpha_-)$ auf Grund statistischer Ursachen Null ergeben. Also gilt

$$\bar{B} = |a_+|^2 \langle u_+|\mathbf{B}|u_+\rangle + |a_-|^2 \langle u_-|B|u_-\rangle. \qquad (2.5)$$

Gl. (2.5) ist jedoch gerade das Ergebnis, das man erhält, wenn man, anstatt von Gl. (2.3) auszugehen, ein echtes Gemenge von Zuständen $|u_+\rangle$ und $|u_-\rangle$ mit den Wahrscheinlichkeiten $|a_+|^2$ und $|a_-|^2$ betrachtet. Mit anderen Worten heißt das, es gibt keinen beobachtbaren Unterschied zwischen einer Menge von N Systemen, die sämtliche durch Gl. (2.3) beschrieben werden, und einer Zusammenfassung von $|a_+|^2$ N Systemen mit $S_z = +\,^1/_2$ und $|a_-|^2$ N Systemen mit $S_z = -\,^1/_2$. Unter diesen Umständen darf man sagen, daß Gl. (2.3) wirklich einer Zusammenfassung dieser Art entspricht. Somit ist das Paradoxon der Messung gelöst, da ein Beobachter, wenn er ein Instrument betrachtet, vom Zustand des Systems Kenntnis erlangen kann, ohne diesen Zustand im geringsten zu modifizieren."

Dies ist, wir wiederholen es nochmals, die Antwort der elementaren Theorie, von der wir sprachen. Für eine Diskussion genügt es, wenn wir unsere Aufmerksamkeit auf Punkt a) konzentrieren.

In Punkt a) wird behauptet, daß der Zustandsvektor – oder besser gesagt, einer der akzeptierbaren Zustandsvektoren des Systems – nach der Wechselwirkung durch Gl. (2.3) gegeben ist. Eine Behauptung dieser Art läßt sich tatsächlich auf zwei verschiedene Arten auffassen: sie bedeutet entweder 1), daß Gl. (2.3) der Zustandsvektor des zusammengesetzten Systems ist, die Apparatur inbegriffen, wobei die Funktionen exp $[\alpha(x)]$ die Wellenfunktionen $\varphi(x)$ der Apparatur sind, oder sie bedeutet 2), daß Gl. (2.3) der Zustandsvektor des *Systems ist, an dem gemessen werden soll* (wie es dem Buchstaben nach in a) formuliert wurde), wobei die α lediglich Parameter sind. Die Behauptung 1) kann man jedoch in dieser Form nicht akzeptieren, da nicht einzusehen ist, aus welchen Gründen $|\varphi(x)| = 1$ sein soll für jeden Wert von x und da andererseits Gl. (2.4) in diesem Fall nicht den richtigen Wert von $\overline{B}$ gemäß den Postulaten der Quantenmechanik liefert, da Gl. (2.4) von x abhängt. Modifiziert man Gl. (2.3) oder die Definition von α so, daß diese Mängel verschwinden, so gelangt man tatsächlich zu einer Theorie, die in Abschnitt 3 diskutiert werden wird. Hier betrachten wir jedoch nur die Annahme 2). Man überzeugt sich leicht davon, daß unter der Annahme 2) die Behauptung a) nicht mehr korrekt ist. Tatsächlich entspricht nach a) das System, an dem gemessen werden soll (nennen wir es U) einem definierten Zustandsvektor (nämlich Gl. (2.3)). Setzen wir vorläufig voraus, daß dasselbe für die Apparatur gilt (wobei diese mit V bezeichnet werde). In dem Augenblick, in dem wir beobachten, nämlich nach der Wechselwirkung, sind U und V voneinander isoliert. Ein akzeptierbarer Zustandsvektor für das Großsystem $\Sigma = U+V$ muß also nach der Quantenmechanik der Systeme durch das einfache Produkt von Gl. (2.3) und den Zustandsvektor von V repräsentiert werden und nicht durch eine Linearkombination dieser Produkte. Dies ist aber sicher nicht wahr, denn zahlreiche Korrelationen zwischen Variablen von U und Variablen von V, welche der Zustandsvektor des Großsystems Σ (berechnet nach der zeitabhängigen Schrödingergleichung) vorhersagt, werden durch den neuen, eben eingeführten Zustandsvektor nicht in gleicher Weise vorhergesagt. Wenn nicht die Möglichkeiten der Beobachtungen an V durch irgendein Prinzip beschränkt sind (und wir kommen darauf zurück), ist Gl. (2.3) also kein wirklich akzeptierbarer Zustandsvektor für das System.

Zu demselben Schluß gelangt man, wenn man V als echtes Gemenge behandelt und durch eine Dichtematrix beschreibt. Die Gesetze der Quantenmechanik implizieren nämlich, sobald man es mit isolierten Systemen zu tun hat, daß die Dichtematrix des zusammengesetzten Systems das Tensorprodukt der Dichtematrizen der einzelnen Komponenten des Systems darstellt. Die Matrix, die man ausgehend von der Dichtematrix von V und der Gl. (2.3) entsprechenden Dichtematrix erhält, ist offensichtlich nicht geeignet, die obigen Korrelationen zu beschreiben. All dies führt zur Aussage, daß Gl. (2.3) nur als wesentlicher Bestandteil eines Hilfsmittels zu betrachten ist, dessen man sich oft bedient, um

Vorhersagen bezüglich U allein zu treffen, das aber in dieser Hinsicht nichts anderes ist als die Beschreibung von U mit Hilfe einer Dichtematrix. Tatsächlich ist sie einer solchen Beschreibung äquivalent[1]. Die Schwierigkeiten, die in Kapitel II aufgetreten sind und die uns zum Schluß geführt haben, daß die Systeme U und V nach ihrer Wechselwirkung ein untrennbares Ganzes bilden, lassen sich nicht einfach durch die Einführung von (2.3) und von zufälligen Phasen lösen. Wenn man als Antwort darauf schwerwiegendere Argumente in Betracht zieht, welche die Natur der Apparatur betreffen und die angebliche Unmöglichkeit, dessen feinste Einzelheiten zu betrachten, so muß man offensichtlich die gesamte Situation von neuem überprüfen. Aber das auf (2.3) beruhende Argument ist unter diesen Bedingungen nicht wesentlich verschieden von dem Argument, das im nächsten Abschnitt eingeführt werden soll. Da es tatsächlich möglich ist und schneller zum Ziel führt, wird man beide Argumente zugleich derselben Prüfung unterziehen.

---

[1] Dies läßt sich leicht verifizieren. Es sei allgemein

$$|\Psi\rangle = \Sigma_m d_m |\varphi_m\rangle e^{i\alpha_m}$$

der Zustandsvektor mit den zufälligen Phasen α_m, der das System U beschreibt. Wir setzen:

$$c_{nm} = d_m \langle u_n | \varphi_m \rangle,$$

wobei die $|u_n\rangle$ ein vollständiges System bilden sollen. Die Elemente (r, n) der $|\Psi\rangle$ entsprechenden Dichtematrix M" sind

$$M''_{rn} = \langle u_r | \Psi \rangle \langle \Psi | u_n \rangle$$

$$= \Sigma_{m,s} \langle u_r | \varphi_m \rangle \langle \varphi_s | u_n \rangle d_m d_s^* e^{i}(\alpha_m - \alpha_s).$$

Die Bildung eines Mittelwertes über die zufälligen Phasen liefert

$$M''_{rn} = \Sigma_m \langle u_r | \varphi_m \rangle \langle \varphi_m | u_n \rangle |d_m|^2 = \Sigma_m c_{rm} c_{nm}^*,$$

wobei man

$$c_{nm} = d_m \langle u_n | \varphi_m \rangle$$

gesetzt hat. Dieses Ergebnis gestattet, M" mit der durch (1.15) definierten Matrix zu identifizieren, w.z.b.w. Mit den üblichen zufälligen Phasen ist $|\Psi\rangle$ die am wenigsten schlechte Lösung, die man finden kann; wenn man U durch einen Zustandsvektor beschreiben will. Für zwei mikroskopische Systeme U und V ist es allerdings evident, daß $|\Psi\rangle$ ebensowenig wie M" geeignet ist, gewisse wichtige Korrelationen zwischen Größen von U und von V zu beschreiben (man kann zu diesem Zweck das in Abschnitt 3 von Kapitel I angegebene Beispiel betrachten und sich die Korrelation der Spinkomponenten längs der x-Achse vornehmen). Nur wenn V ein zusammengesetztes System ist, ist die Beschreibung von U durch $|\Psi\rangle$ geeignet, denn nur in diesem Fall verhält es sich so, daß die Korrelationen, die sich durch $|\Psi\rangle$ nicht hinreichend beschreiben lassen, im allgemeinen sehr schwer meßbar werden.

3. Eine Theorie der Messung, die den makroskopischen Charakter der Instrumente in Betracht zieht

Dieser Abschnitt ist der Beschreibung einer Theorie gewidmet, welche die durch eine Messung hervorgerufene Reduktion des Wellenpakets durch Betrachtung gewisser „makroskopischer" oder „klassischer" Eigenschaften der Apparatur zu erklären versucht, oder genauer gesagt, durch Betrachtung gewisser als „makroskopisch" oder „klassisch" bezeichneter Charaktere der an dieser Apparatur üblicherweise angestellten Messungen. Die Theorie besteht somit aus zwei Teilen. Im ersten Teil wird eine präzise Definition der Worte „makroskopisch" oder „klassisch" gegeben (wir verwenden diese Worte übrigens als Synonyme). Im zweiten Teil versucht man zu zeigen, daß es, wenn die Apparatur die Bedingungen dieser Definition erfüllt – oder genauer gesagt, die Messungen, die man an ihren einzelnen Bestandteilen ausführt – keinen beobachtbaren Unterschied zwischen den Vorhersagen geben kann, die man von einem vollständigen Zustandsvektor ableitet, der das System *und* die Apparatur repräsentiert, und den Vorhersagen, die man ausgehend von einem geeigneten echten Gemenge erhält.

Anstatt den Formalismus in abstrakter und allgemeiner[1]) Form zu entwickeln, ziehen wir es vor, ihn an einem Beispiel darzulegen. Aus Gründen der Einfachheit wähle man zu diesem Zweck die Messung einer Spinkomponente mit Hilfe der Versuchsanordnung von *Stern* und *Gerlach*. Einer der Vorteile bei der Wahl dieses Beispiels liegt darin, daß dieses, obwohl hinreichend kompliziert, um alle wesentlichen Charakteristiken eines Meßprozesses zu enthalten, doch andererseits wieder einfach genug ist für eine exakte rechnerische Behandlung. Dieser Vorteil ist von *D. Bohm* erkannt worden, der die Ergebnisse der Rechnung in seinem Werk tatsächlich wiedergegeben hat. Wir verwenden hier diese Ergebnisse und verweisen den Leser auf das zitierte Buch, sowohl für eine detaillierte Diskussion der benutzten physikalischen Apparatur als auch für die explizite Berechnung der Wellenfunktionen der Endzustände, die weiter unten angeführt werden.

Das Prinzip des Versuchs von *Stern* und *Gerlach* ist in Bild 1 angedeutet. Ein Teilchen – von dessen Spin vorausgesetzt wird, daß er den Wert $^1/_2$ habe – trifft von links kommend längs der y-Achse ein. Im Bereich R untersteht es dem Einfluß eines inhomogenen Magnetfelds, das seinen Weg nach oben oder nach unten ablenkt, je nachdem – in der klas-

Bild 1

---

1) Siehe *P. K. Feyerabend*[65] oder *J. M. Jauch*[90].

sischen Sprache – ob die Spinkomponente S_z längs der z-Achse den Wert $+^1/_2$ oder $-^1/_2$ besitzt. In einer gewissen Entfernung vom Bereich R wird die z-Koordinate des Teilchens gemessen, d. h. also nach einer gewissen Zeit t. Je nachdem, ob $S_z = +{}^1/_2$ oder $S_z = -{}^1/_2$ ist, findet man dafür

$$z_l \pm \epsilon \tag{2.6}$$

oder

$$-z_l \pm \epsilon \tag{2.6'}$$

wobei z_l eine leicht berechenbare Größe ist, für die in der unten erklärten Bezeichnungsweise die Theorie den Ausdruck

$$z_l = -\frac{\mathbf{H}_0' \mu \Delta t}{m} \cdot t \tag{2.7}$$

liefert, und wobei

$$\epsilon \ll z_l \tag{2.8}$$

(vollständige Trennung der beiden Bündel), vorausgesetzt, daß t hinreichend groß ist. Die Größe μ in Gl. (2.7) bezeichnet das magnetische Moment des Teilchens mit der Masse m. Δ t bedeutet die Zeitspanne, die das Teilchen zur Durchquerung des Bereichs R benötigt. Schließlich soll im Bereich R das inhomogene Magnetfeld längs der z-Achse (wenigstens angenähert) durch

$$\mathbf{H} = \mathbf{H}_0 + \mathbf{H}'z \tag{2.9}$$

gegeben sein. Die Gln. (2.6), (2.6') und (2.8) zeigen, daß eine Messung von z_l, wenn auch nur im Groben, den Wert von S_z liefert. In diesem Versuch ist also S_z eine Meßgröße, und das Quantensystem, das der Messung unterliegt, ist der Teilchenspin. Was die Apparaturkoordinate betrifft, die zu dieser Größe gehört, d. h. die Koordinate, deren direkte Beobachtung die gewünschte Information bezüglich der zu messenden Größe liefert, so sehen wir, daß es sich dabei einfach um die z-Koordinate des Teilchens selbst handelt, da der Teilchenspin, wenn er am Anfang nur im Zustand $S_z = \pm{}^1/_2$ war, in diesem Zustand auch bleibt, und da in Wechselbeziehung damit z den Wert $\pm z_l$ bis auf ϵ genau annimmt. Natürlich ist – wie es die Diskussion durch *von Neumann* (siehe z. B. Abschnitt 7 aus Kapitel I) zeigt – die Wahl der Apparaturkoordinate stets äußerst willkürlich, da eine Apparatur A mit der Apparaturkoordinaten *C* stets durch eine andere „Apparatur" A' „beobachtet" wird und man folglich A übereinkunftsgemäß gleichzeitig mit *C* in das System eingliedern kann, an dem zu messen ist (eine gegebene, *C* eindeutig entsprechende Koordinate *C'* von A' übernimmt dann die Rolle der Apparaturkoordinate). In unserem Beispiel könnte man etwa sagen, daß die Koordinate z des Teilchens noch zu dem System gehört, an dem gemessen wird, und daß die Apparaturkoordinate die Nadelposition an der Skala einer Apparatur ist, die zur Registrierung der Teilchenposition auf einer der beiden Trajektorien dient. Die Analyse wäre dieselbe, die explizite Berechnung des vollständigen Zustandsvektors jedoch wäre ungleich komplizierter und in der Praxis sogar undurchführbar. Dasselbe tritt a fortiori auch ein, wenn man bestimmt, daß auch die Skalanadel noch zum „System" gehören soll und daß das Auge des Beobachters als Apparatur und die Position des Bildes der Nadel auf der Netzhaut als Apparaturkoordinate zu gelten habe. Unter all diesen Möglichkeiten muß eine Wahl getroffen werden. Die hier dargelegte Theorie beruht auf dem

Grundsatz, daß man jede Koordinate C als *Apparaturkoordinate* nehmen darf, die 1) natürlich der notwendigen Bedingung genügt, daß sie mit der zu messenden mikroskopischen Größe in Beziehung steht und 2) so beschaffen ist, daß eine präzise Messung der in Frage stehenden mikroskopischen Größe nur eine *makroskopische* oder *klassische Messung* der Größe C erfordert. Eine präzise Definition der Worte makroskopisch und klassisch wird gleich gegeben werden. Trotz der Tatsache, daß z die Koordinate eines mikroskopischen Teilchens ist, können wir dann nachweisen, daß seine approximative Messung (mit der Genauigkeit ϵ) in Wirklichkeit sehr wohl eine *makroskopische* Messung im vereinbarten Sinn ist.

Somit haben wir also nun mit Sorgfalt an die Definition dessen zu gehen, was man unter makroskopischer Messung zu verstehen hat. Dies erfordert ein eingehendes Studium der Messungen, die man gewöhnlich so bezeichnet und die ohne jeden Einwand diese Qualifizierung verdienen (wie etwa die Messungen der Position einer Nadel mit beschränkter Genauigkeit, usw.), um die charakteristischen Eigenschaften solcher Messungen zu bestimmen und ihre Beziehung zu den Messungen der Quantenmechanik kennenzulernen. Diese Analyse ist durch *von Neumann* durchgeführt worden.

Von Neumann bemerkt zu Beginn, daß die Messung einer Größe C mit beschränkter Genauigkeit äquivalent ist der Suche nach Antworten auf die Fragen, ob "C im Intervall c_1, c_2 liegt, oder im Intervall c_2, c_3 oder usw." Dabei bedeutet $c_1, c_2, c_3, \ldots$ eine wachsende Folge von Zahlen, von denen man der Einfachheit halber annehmen darf, daß sie eine arithmetische Folge bilden. Die Antwort auf jede dieser Fragen kann nur *ja* oder *nein* sein, so daß sie im Formalismus der Quantenmechanik durch Projektionsoperatoren dargestellt werden. Mit Hilfe dieser Projektionsoperatoren läßt sich ein hermitescher Operator **C'** konstruieren, der im Inneren jedes Intervalls c_{n-1}, c_n einen und nur einen Eigenwert c'_n besitzt. Betrachten wir nun ebenso eine weitere Größe D und nehmen wir an, daß die Operatoren **C** und **D**, die im Formalismus der Quantenmechanik C und D entsprechen, nicht vertauschbar sind (C und D könnten zum Beispiel Ortskoordinate und Impuls eines Teilchens sein). Es bleibt uns nichts übrig als wie bei **C'** vorzugehen und einen hermiteschen Operator **D'** zu konstruieren, der in jedem Intervall d_{n-1}, d_n einen und nur einen Eigenwert besitzt.

Mit diesen Definitionen formuliert *von Neumann* ein wichtiges Theorem. Für dessen Beweis verweisen wir den Leser auf das zitierte Werk. Wir beschränken uns hier darauf, den Inhalt des Theorems darzulegen. Es sei ϵ_c die gemeinsame Länge der Intervalle c_{n-1}, c_n und ϵ_d die der Intervalle d_{n-1}, d_n. Wenn das Produkt $\epsilon_c \cdot \epsilon_d$ von der Größenordnung des Kommutators [**C**, **D**] ist, so können $c'_1, c'_2, \ldots, c'_n$ und $d'_1, \ldots, d'_n$ so gewählt werden, daß **C'** und **D'** vertauschbar sind. Was das System der **C'** und **D'** gemeinsamen Eigenfunktionen betrifft, so haben diese die Form von Wellenpaketen, deren Breite in der Darstellung [**C**] ϵ_c und in der Darstellung [**D**] ϵ_d ist.

Somit können die korrespondierenden physikalischen Größen C' und D', die offenbar Approximationen für C und D sind, unabhängig voneinander gemessen werden, und zwar in beliebiger Reihenfolge und in einer Weise, daß eine Messung von C' weder die Erwartungen bezüglich D' verändert noch umgekehrt. Das sind gerade die Eigenschaften von Größen, die der klassischen Physik gehorchen. Es sind natürlich auch die Eigenschaften von Größen, die wir in der üblichen Sprechweise als makroskopisch bezeichnen (Koordinaten einer Zeigerspitze, Positionen einer Luftblase, usw.), und zwar gerade deshalb, weil – auf Grund des sogenannten „Korrespondenzprinzips" – die letzteren den Gesetzen der klassischen Physik in ausgezeichneter Näherung gehorchen. Wir sehen jedoch, daß Systeme von klassischen (oder „makroskopischen") Messungen, d. h. Systeme von approximativen Messungen verschiedener physikalischer Größen, welche die oben beschriebene Eigenschaft der Vertauschbarkeit besitzen, sich auch an mikroskopischen Objekten definieren lassen. Mit anderen Worten heißt das, die Definition von klassischen Messungen (oder um dafür das häufiger verwendete Wort zu gebrauchen, von makroskopischen Messungen) beruht hier auf der beschränkten Präzision, mit der sie behaftet sind oder sein können. Die Definition ist dagegen nicht an die Zusammensetzung oder den Umfang der physikalischen Systeme gebunden, an denen die Messungen auszuführen sind[1]. Diese Tatsache trägt übrigens viel zur Klarheit bei. Wenn man Systeme jeder Zusammensetzung und aller Dimensionen zuläßt, ist eine klare Unterscheidung zwischen makroskopischen und mikroskopischen Messungen, die auf den Systemeigenschaften beruhen, schwierig zu treffen[2]. Man könnte jedoch bemerken, daß eine derartige Definition leider nicht die Definition von „klassischen Systemen" in einer Weise gestattet, die in dem von uns in diesem Teil des Buches verstandenen Sinn vollkommen objektiv wäre (siehe Kapitel I, Abschnitt 1), d. h. die vollständig davon absieht, was ein beliebiger Experimentator *fähig* ist, auszuführen. Alles was in Wirklichkeit hier möglich ist, ist die Definition von klassischen Systemen als Systeme, an denen man klassische Messungen anstellen kann. Es ist jedoch klar, daß dies nicht durchführbar ist ohne die implizite Annahme eines Postulats über die Möglichkeiten des Individuums selbst, das sich der Behandlung stellt. Wir beschränken uns hier darauf, dieses Hindernis am Rande zu erwähnen, und fahren fort, den Grundgedanken der Theorie darzulegen.

Wir haben weiter oben makroskopische Messungen definiert. Wenn man die Tatsache in Rechnung zieht, daß in dem oben beschriebenen Versuch von *Stern* und *Gerlach* nicht beabsichtigt ist, den Impuls des Teilchens in transversaler Richtung zu messen, und daß dieser nur stark näherungsweise bekannt sein kann, so ist es sicher gerechtfertigt, die Messung von z mit einer Genauigkeit ϵ als „klassische" oder „makroskopische" Messung auf zufassen. Man kann, wenn man will, sich über diesen Punkt noch weitere Sicherheit verschaffen, indem man die vollständige Wellenfunktion bezüglich Spin und Position des Teilchens für einen beliebigen Zeitpunkt t berechnet und deren Struktur in den beiden zugehörigen Darstellungen ([z] und [p_z]) untersucht. Am Anfang, d. h. ehe das Teilchen den Bereich R erreicht hat, hat die Wellenfunktion, was ihre Abhängigkeit von der Variablen z betrifft, die Form eines Wellenpakets $f_0(z)$ beschränkter Ausdehnung (andernfalls könnte

---

[1] Dieser Punkt wurde insbesondere von *J. M. Jauch*[90] betont.

[2] Der Vollständigkeit halber sei hier erwähnt, daß man in dieser Richtung Versuche unternommen hat (siehe später). Wir bemerken, daß gewisse dieser Versuche, die zwar interessant, aber auch sehr aufwendig sind, zu wirklichen Modifikationen der Quantenmechanik zu führen scheinen und daher außerhalb des Rahmens dieses Buches liegen.

man den Versuch nicht durchführen), und ihre Abhängigkeit vom Spin wird (unter Annahme eines definierten Zustands) durch einen Faktor der Form

$$c_+ |v_+> + c_- |v_-> \tag{2.10}$$

berücksichtigt, wobei c_+ und c_- komplexe Zahlen sind, die der Beziehung

$$|c_+|^2 + |c_-|^2 = 1 \tag{2.11}$$

genügen. Die vollständige Wellenfunktion des Systems Σ ist somit am Anfang

$$f_0 (z) (c_+ |v_+> + c_- |v_->). \tag{2.12}$$

Zur Zeit t erhält die aus Gl. (2.12) mit Hilfe der zeitabhängigen Schrödingergleichung abgeleitete vollständige Wellenfunktion die Gestalt

$$|\Psi> = c_+ \varphi_+ |v_+> + c_- \varphi_- |v_-> \tag{2.13}$$

mit

$$\varphi \pm = \int dk g (k) \exp [i (k \mp \mu \hbar^{-1} \mathbf{H'} \Delta t) z \mp i \mu \hbar^{-1} \mathbf{H_0} \Delta t - - {}^1\!/_2 \, i \hbar m^{-1} t (k \mp \mu \hbar^{-1} \mathbf{H'} \Delta t)^2], \tag{2.14}$$

wobei g(k) die Fourier-Transformierte von $f_0(z)$ ist.

$$f_0(z) = \int dk \, g(k) \exp (ikz) \tag{2.15}$$

Aus Gl. (2.13) ersieht man unmittelbar, daß die Wellenfunktionen, wie vorhergesehen, sowohl im Impulsraum als auch im Lageraum die Form von Wellenpaketen besitzen, und daß man, vorausgesetzt, daß t hinreichend groß ist, erreichen kann, daß φ_+ und φ_- nicht interferieren, und zwar mit beliebiger Genauigkeit.

Bisher haben wir erst den ersten Teil unseres Programms erfüllt. Wir haben definiert, was man unter klassischen oder makroskopischen Messungen zu verstehen hat und haben ihre Eigenschaften angegeben. Dabei haben wir auch nachgewiesen, daß die in unserem speziellen Beispiel gewählte „Apparaturkoordinate" unter den angegebenen Bedingungen einer klassischen oder makroskopischen Messung unterliegt. Wir wollen uns nun dem zweiten Teil unserer Aufgabe zuwenden, d. h. wir wollen versuchen zu zeigen, daß in dem in Frage stehenden Beispiel kein beobachtbarer Unterschied zwischen den Vorhersagen besteht, die man von der vollständigen Wellenfunktion (d. h. von Gl. (2.13)) ableitet, und den Vorhersagen, die von einem geeigneten echten Gemenge stammen.

Zu diesem Zweck müssen wir vorerst ein echtes Gemenge finden, das dieselben Vorhersagen trifft wie Gl. (2.13), und zwar in Bezug auf alle Größen, die zu dem System gehören. (Solche Größen sind Funktionen beliebiger Art der Komponenten des Spins). Diese Aufgabe löst man unter Verwendung des Formalismus der Dichtematrix. Das Ergebnis ist zweifellos ein echtes Gemenge, definiert durch

$$\begin{array}{l} \varphi_+ \, |v_+> \text{ mit der Wahrscheinlichkeit } |c_+|^2 \\ \varphi_- \, |v_-> \text{ mit der Wahrscheinlichkeit } |c_-|^2 \end{array} \tag{2.16}$$

Die Frage lautet nun: „Liefern die Gln. (2.13) und (2.16) in allem, was beobachtbar ist, dieselben Vorhersagen? "

Wir erinnern hier nochmals, daß dies im allgemeinen nicht wahr ist. Es sei x_1, allgemein ausgedrückt, eine Menge von Variablen eines Systems I und x_2 eine entsprechende Menge eines Systems II. Noch durch *von Neumann* wurde gezeigt[144] und von *Furry* wurde es bekräftigt[74], daß für eine gegebene Wellenfunktion $\Psi(x_1, x_2)$ des Systems I + II in einem Zeitabschnitt, in dem die beiden Systeme nach erfolgter Wechselwirkung aufgehört haben, sich zu beeinflussen, stets eine Entwicklung

$$\Psi(x_1, x_2) = \Sigma_k c_k \varphi\lambda_k(x_1) \xi\rho_k(x_2) \tag{2.17}$$

existiert, in der (wir zitieren *Furry*) die $\varphi\lambda_k$ Eigenfunktionen einer gewissen Beobachtungsgröße L sind, die den Eigenwerten λ_k entsprechen, und die $\xi\rho_k$ Eigenfunktionen einer anderen Variablen R mit den Eigenwerten ρ_k. Eine Messung von L und R am Gesamtsystem kann zu einem Wert λ_i von L niemals einen anderen Wert für R ergeben als ρ_i. *Trotzdem* ist das Gemenge

$$\varphi\lambda_k(x_1) \xi\rho_k(x_2) \text{ mit der Wahrscheinlichkeit } |c_k|^2 \tag{2.18}$$

im allgemeinen nicht äquivalent Gl. (2.17) (wie in Kapitel I, Abschnitt 3 an einem einfachen Beispiel hervorgehoben wurde). Die Vorhersagen für die Korrelationen einer von L verschiedenen Variablen M des Systems I und einer von R verschiedenen Variablen S des Systems II, welche die Rechnung mit Hilfe von Gl. (2.18) liefert, sind nicht gleich den Vorhersagen, die man unter Verwendung von Gl. (2.17) erhält. Wenn μ und σ die Eigenwerte von M und S bezeichnen und $\psi\mu(x_1)$, $\eta\sigma(x_2)$ die entsprechenden Eigenfunktionen, so ist die Wahrscheinlichkeit für S den Wert σ zu finden, wenn die Beobachtung für M den Wert μ geliefert hat, unter Verwendung von Gl. (2.17) durch

$$D^{-1} \; |\Sigma_k c_k (\varphi\lambda_k, \psi\mu)(\xi\rho_k, \eta\sigma)|^2 \tag{2.19}$$

gegeben, wobei

$$D = \Sigma_k |c_k|^2 \, |(\varphi\lambda_k, \psi\mu)|^2$$

gilt. Unter Verwendung von Gl. (2.18) erhält man

$$D^{-1} \; \Sigma_k |c_k|^2 \, |(\varphi\lambda_k, \psi\mu)|^2 \, |(\xi\rho_k, \eta\sigma)|^2 . \tag{2.20}$$

Die Ausdrücke (2.19) und (2.20) unterscheiden sich durch die Interferenzterme. Wie bereits hervorgehoben wurde, verhindert dies im allgemeinen die Identifikation einer durch (2.17) beschriebenen physikalischen Realität mit einer der physikalischen Realitäten, die durch die in Gl. (2.18) vorkommenden Zustandsvektoren beschrieben werden. (Weil man, wiederholen wir es, wenn man an I und II Messungen anstellt und die Korrelationen untersucht, nachdem die gegenseitige Wechselwirkung der Systeme beendet ist, zu Ergebnissen gelangt, die nicht mit den aus Gl. (2.18) abgeleiteten Vorhersagen übereinstimmen).

Gerade *in diesem Stadium der Untersuchung* und nicht früher wird der klassische oder makroskopische Charakter der an der Apparaturkoordinate durchgeführten Messung wesentlich. Um das richtig zu erkennen, genügt ein Studium der Interferenzterme, deren allgemeine Form

$$c_k c_r^* (\psi\mu, \varphi\lambda_r)(\varphi\lambda_k, \psi\mu)(\eta\sigma, \xi\rho_r)(\xi\rho_k, \eta\sigma) \tag{2.21}$$

mit r $\neq$ k lautet. Gemäß Annahme müssen wir uns hier auf makroskopische Messungen der Apparaturkoordinaten (d. h. der Koordinaten des Systems I etwa) beschränken, und wir wissen, daß sämtliche entsprechenden Operatoren (oben mit **C'**, **D'** usw. bezeichnet) untereinander vertauschbar sind und ein gemeinsames System von Eigenfunktionen besitzen. Dies bedeutet, daß die $\psi\mu$ nichts anderes sind als die $\varphi\lambda_k$, oder besser gesagt, daß jedes $\psi\mu$ mit einem der $\varphi\lambda_k$ identisch ist. Unter diesen Bedingungen ist $\varphi\lambda_k$ orthogonal zu $\varphi\lambda_r$ für r $\neq$ k. Daraus folgt, daß Gl. (2.21) für r $\neq$ k null ist.

Dies ist das Hauptergebnis der in diesem Abschnitt behandelten Theorie. Aus der Tatsache, daß die Interferenzterme verschwinden, folgt, daß kein beobachtbarer Unterschied zwischen den Vorhersagen eines vollständigen Zustandsvektors (Gl. (2.17) oder Gl. (2.13) in unserem Beispiel) und den Vorhersagen eines entsprechenden echten Gemenges (Gl. (2.18) oder Gl. (2.16)) besteht. Unter diesen Bedingungen hindert uns natürlich nichts mehr, so scheint es wenigstens, anzunehmen, daß die durch Gl. (2.13) beschriebene physikalische Realität mit der durch einer der Komponenten von Gl. (2.16) beschriebenen Realität identisch ist, oder mit anderen Worten, daß die Reduktion des Wellenpakets in diesem Stadium bereits vollzogen ist. Wenn es sich wirklich so verhält, so hat man tatsächlich eine vollkommen objektive Beschreibung – in dem hier diesem Wort gegebenen Sinn – des Meßprozesses erhalten. Der Beobachter, der schließlich die Meßapparatur betrachtet, erhöht dabei nur seine persönlichen Informationen (indem er erfährt, welche der beiden Möglichkeiten tatsächlich realisiert wurde). Er modifiziert jedoch in keiner Weise die physikalische Realität des Systems.

Die hier an einem speziellen Beispiel beschriebene Theorie kann man leicht erweitern und verallgemeinern. Mit *Jauch* führt man zu diesem Zweck Systeme von Beobachtungsgrößen ein, die durch untereinander vertauschbare Operatoren beschrieben werden (Abelsche Systeme) und definiert klassische Systeme als physikalische Systeme, die nur die Elemente eines Abelschen Systems als Beobachtungsgrößen besitzen. (Der Begriff eines klassischen Systems hat somit, wie *Jauch* betont, nur in Bezug auf ein spezifisches System von Beobachtungsgrößen einen Sinn.). Sind alle zur Messung verwendeten Apparaturen klassische Systeme, so zeigt man in voller Allgemeinheit (die einzigen Größen, die an der Apparatur meßbar sind, sind somit nach Voraussetzung jene, deren Operatoren zu einem Abelschen System gehören), daß die Vorhersagen für ein beliebiges an der Apparatur und dem System (Korrelationen inbegriffen) geplantes Meßprogramm stets dieselben sind, ob man sie nun mit Hilfe eines vollständigen Zustandsvektors berechnet, oder ob man sie ausgehend von einem durch diese Apparatur definierten echten Gemenge erhält.

Wir betonen nochmals, daß die Theorie vollständig auf der Idee beruht, daß unter den Operatoren, die alle mathematischen Eigenschaften von Operatoren besitzen, die man physikalischen Größen zuordnen kann, nicht alle tatsächlich auch eine Beobachtungsgröße repräsentieren, und daß insbesondere, sobald es sich um einen Meßapparat handelt, die den Beobachtungsgrößen entsprechenden Operatoren ein Abelsches System bilden, d. h. untereinander vertauschbar sind.

4. Makroskopische Größen und beobachtbare Größen

In der oben beschriebenen Theorie ist unter anderem eine befremdende Tatsache erwähnt worden: Man kann klassische Systeme nicht in einer Weise definieren, daß sie völlig den Forderungen bezüglich der Objektivität genügen, wie es bei einer unirealistischen Beschreibung verlangt ist. Mit anderen Worten, es ist nicht möglich, jede Bezugnahme auf das, was ein Beobachter fähig ist zu tun, zu vermeiden. Anstatt diese Quelle von Schwierigkeiten auf abstrakte Art zu diskutieren, beginnen wir, wie wir es früher schon getan haben, das Studium an einem konkreten Fall, was oft eine bessere Trennung der echten begrifflichen Schwierigkeiten von den Schwierigkeiten erlaubt, die der verwendete Formalismus mit sich bringt. Am besten nehmen wir uns wieder das Beispiel einer Versuchsanordnung nach *Stern* und *Gerlach* vor. *Bohm*[14] und *Wigner*[152] folgend betrachten wir den in Bild 2 beschriebenen Versuch. Der linke Teil der Abbildung ist mit der Darstellung in Bild 1 identisch. Anstatt jedoch den beiden Teilchenbündeln freien Weg zu lassen, lenken wir sie durch ein Magnetfeld oder mit Hilfe einer beliebigen anderen Einrichtung so weit ab, daß sie sich schließlich wieder vereinigen. Im Bereich R', wo diese Vereinigung stattfindet, legen wir zudem ein inhomogenes Magnetfeld an, das eine exakte Kopie des Magnetfeldes in R darstellen soll, wodurch die beiden längs der zwei Bahnen fortschreitenden Wellenpakete wieder zu einem einzigen kohärenten Wellenpaket vereinigt werden. Ein derartiges Experiment erfordert zwar eine bisher noch nicht erreichte technische Präzision, ist aber grundsätzlich realisierbar.

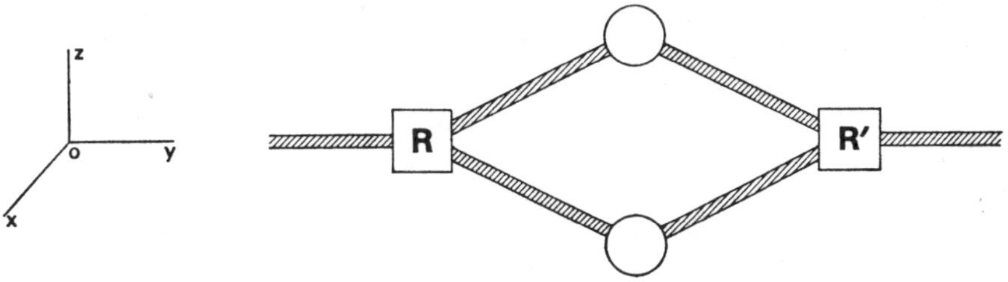

Bild 2

Zur Fixierung unserer Vorstellungen nehmen wir bezüglich des ursprünglichen Wellenpakets an, daß in der obigen Gl. (2.12) die Gleichheit $c_+ = c_-$ gilt, was bedeutet, daß die Teilchen vor ihrem Eintritt in das Instrument einen Spin in Richtung der x-Achse besitzen. Untersuchen wir nun die Vorhersagen bezüglich des Ergebnisses einer Messung der Spinkomponente der Teilchen längs der x-Achse, nachdem diese die Anordnung durchquert haben.

Wir verwenden dazu vorerst den vollständigen Zustandsvektor (2.13) (was man natürlich in Wahrheit üblicherweise tut). Nachdem feststeht, daß die Interferenzterme zwischen den beiden Bündeln wieder eine Rolle spielen, finden wir, daß der Spin der Teilchen in Richtung der x-Achse weist. Mit anderen Worten, wir finden das Ergebnis $S_x = +{}^1/_2$ mit der Wahrscheinlichkeit 1, das Ergebnis $S_x = -{}^1/_2$ mit der Wahrscheinlichkeit 0.

Wir wenden uns nun zu den Ergebnissen, die man ausgehend von dem Gemenge (2.16) erhält. Interferenzterme treten keine auf, folglich finden wir das Ergebnis $S_x = +^1/_2$ mit der Wahrscheinlichkeit $^1/_2$. Mit derselben Wahrscheinlichkeit findet man auch $S_x = -^1/_2$.

Somit ist schließlich doch nicht wahr, daß die Gln. (2.13) und (2.16) in allem, was beobachtbar ist, zu denselben Vorhersagen führen. Dies zwingt uns, unsere vorangehende Behauptung einer Revision zu unterziehen: Wenn die Menge der durch Gl. (2.13) beschriebenen Systeme wirklich ein Gemenge von Systemen *wäre*, die durch die Komponenten des Zustandsvektors (2.16) beschrieben werden, so müßten alle von Gl. (2.13) gelieferten statistischen Vorhersagen mit den Vorhersagen von Gl. (2.16) übereinstimmen, was nicht der Fall ist.

Nach den Betrachtungen des vorhergehenden Abschnitts ist das Ergebnis, das wir gerade erhalten haben, auf den ersten Blick überraschend. Jedoch liegt dabei in keiner Weise ein Widerspruch vor, denn es zeigt sich nur, daß es in dem System, das wir als „Apparatur" gewählt haben, mehr beobachtbare physikalische Größen gibt, als wir zu Beginn angenommen haben, und daß darüber hinaus nicht alle dieser beobachtbaren Größen makroskopische Koordinaten im Sinne von Abschnitt 3 darstellen, d. h. Größen, die ausschließlich makroskopischen Messungen zugänglich sind. Aus diesem Grund müssen wir nach reiflicher Überlegung die Behauptung widerrufen, die wir am Ende von Abschnitt 3 ausgesprochen haben. Wir müssen im Gegensatz dazu sagen, daß die Reduktion des Wellenpakets zur Zeit der räumlichen Trennung der beiden Bündel noch nicht vollzogen ist.

Natürlich ist die Theorie aus Abschnitt 3 noch leicht zu retten (zu leicht sogar). Es genügt zu sagen, daß die Reduktion des Wellenpakets in Wirklichkeit die Intervention einer etwas komplizierteren Apparatur benötigt, als ein einfaches inhomogenes Magnetfeld sie darstellt, und in Wechselbeziehung damit eine etwas „makroskopischere" Apparaturkoordinate als die einfache z-Koordinate eines Teilchens, auch wenn diese nur mit begrenzter Genauigkeit meßbar ist. Man könnte somit die Hypothese aufstellen, daß die Reduktion des Wellenpakets nur stattfindet, wenn auf der Trajektorie des einen Bündels gewisse Atome formlos angeordnet sind, zum Beispiel etwa die Atome eines Zählers oder eines Schirms. Der Vorteil, der in einem derartigen Rückzug zur Aussage von Hypothesen liegt, ist einerseits, daß die effektive Berechnung des Zustandsvektors eines Großsystems schnell undurchführbar wird, und vor allem andererseits, daß es in sehr schnell wachsendem Maße schwieriger wird, sich eine Prüfung der Hypothese durch ein Experiment vorzustellen. Die Unbequemlichkeit, die sich Hand in Hand mit einem Gewinn dieser Art einstellt, besteht darin, daß wir nicht ohne Willkür den Schwierigkeitsgrad der Apparatur festzulegen vermögen, der erforderlich wäre, um den reinen Fall mit einem echten Gemenge zu identifizieren. Genügt die Wechselwirkung der Teilchen mit einem isolierten Atom? Ohne Zweifel, nein. Genügt die Wechselwirkung mit einem Molekül? Mit einem Kristall? Man kennt kein Kriterium dafür. Wie komplex auch die betrachtete Apparatur ist, eine Möglichkeit ist grundsätzlich immer vorhanden. Nach der Art dessen, was bei unserem elementaren Beispiel vor sich geht, kann man stets eine Anordnung finden, die irgendeinen der Interferenzterme plötzlich wieder eine Rolle spielen läßt.

Die Situation ist daher, wie man sieht, alles eher als gut. Natürlich darf man sich hier mit Worten nicht zufrieden geben. Es ist zum Beispiel klar, daß der Einwand, daß in dem von uns betrachteten Fall die Apparatur *per definitionem* nicht klassisch ist, zu keinem Fortschritt führt. Dieselbe Schwierigkeit tritt sofort wieder auf in Form der Frage: „Gibt es überhaupt klassische Apparaturen?" Hier handelt es sich tatsächlich um eine wirkliche, tiefgehende Schwierigkeit, die im wesentlichen dadurch entsteht, daß uns ein objektives Kriterium fehlt. Wenn wir in der Lage wären, klassische Systeme durch ihre *physikalische Zusammensetzung* zu definieren, und wenn wir *davon ausgehend* beweisen könnten, daß alle Interferenzterme, die den Unterschied zwischen einem reinen Fall und einem Gemenge ausmachen, null sind, so hätten wir offensichtlich das Wiederauftreten dieser Terme nicht zu erwarten und könnten uns andererseits über die Existenz solcher Systeme und ihre Rolle bei der Messung leicht Sicherheit verschaffen. Wir hätten dann wirklich eine Theorie der Wechselwirkungen zwischen Quantensystemen und „Instrumenten" – und der Reduktion des Wellenpakets – die mit der unirealistischen Hypothese verträglich wäre, da in ihre weder über die Beobachtungsfähigkeiten dessen, der sich des Instruments bedient, die Rede ist, noch davon, daß diese Wechselwirkung eine Messung ist. Wir müssen jedoch leider eingestehen, daß wir an diesem Punkt noch nicht angelangt sind[1]).

5. Messung und Irreversibilität

Die vorangehende Diskussion hat unserer Meinung nach das Interesse aufgedeckt, das man auf unserem Standpunkt für eine Definition klassischer – oder makroskopischer – Systeme haben müßte, die auf einem rein physikalischen Kriterium beruht. Nun haben einige Autoren vorgeschlagen, in der Theorie der Messung den Begriff der *Irreversibilität* zu verwenden. Die Frage drängt sich auf, ob dies nicht gerade der Begriff ist, der uns das gewünschte Kriterium vermittelt. Es gibt *a priori* eine gewisse Rechtfertigung für diese Annahme, da in dem oben beschriebenen Versuch beispielsweise die Einführung eines Zählers auf einer der beiden Trajektorien jede von einem Menschen denkbare Möglichkeit zur Beobachtung von Interferenzen aufhebt. Der Exaktheit halber muß man jedoch vorausschicken, daß man in einem analogen Fall daran scheitern könnte, daß sich stets irgendeine praktische Vorrichtung erfinden ließe, die (bei gleichzeitiger Vernichtung aller durch den Zähler gelieferten Informationen) alles wieder in einen Zustand bringt, in dem die relativen Phasen φ_+ und φ_- wieder erscheinen. Im Bereich R', wo sich die beiden möglichen Trajektorien vereinigen, würden dann von neuem Interferenzen auftreten. Der Grund dafür, daß man an der Erfindung einer derartigen Vorrichtung in Wirklichkeit doch nicht scheitern kann, liegt darin, daß die Vorgänge, die in einem Zähler ablaufen (Entladung, Ionisation, usw.) so beschaffen sind, daß es praktisch unmöglich ist, ihren Ablauf umzu-

---

[1]) Die auf *von Neumann* zurückgehende Definition makroskopischer Messungen würde so durch eine andere einschränkendere Definition ersetzt. Dabei blieben noch die makroskopischen Systeme objektiv zu definieren. Deren Definition als Systeme, an welchen man nur makroskopische Messungen durchführen kann, würde von neuem die oben beschriebenen Einwände erlauben.

kehren. Nur wenn es möglich wäre, die exakten Bedingungen dafür in einer total objektiven Weise auszudrücken, daß Ereignisse dieser Art unmöglich sind, könnte man objektiv die Klasse der Systeme definieren – nennen wir sie die Klasse der Systeme A – welche diesen Bedingungen genügen. Man müßte danach nur nachweisen, daß alle Meßapparaturen zu dieser Klasse gehören, um eine Theorie der Reduktion des Wellenpakets zu erhalten, worin jede Bezugnahme auf ein „Beobachtungsvermögen" fehlte, auch jede implizite Bezugnahme, und um wen es sich auch immer handeln sollte.

Natürlich ergibt sich in diesem Rahmen sofort die Frage: „Gibt es elementare Prozesse (wie zum Beispiel die Ionisation von Atomen),die ihrem Wesen nach irreversibel sind? " Die Antwort auf diese Frage ist leider negativ. Vom zeitlichen Ablauf eines Systems wird doch angenommen, daß er durch die zeitabhängige Schrödingergleichung bestimmt ist (Prinzip III aus Kapitel I, Abschnitt 2). In der Tat: Betrachtet man zwei Zeitpunkte $t_1 = -T$ und $t_2 = +T$ $(T > 0)$, so läßt sich, wenn $\Psi(x,t)$ die Wellenfunktion des vollständigen Systems ist, stets[1] ein System angeben, das im Zeitpunkt t_1 durch die Wellenfunktion $\Phi(x,t_1) = \Psi^*(x,t_2)$ repräsentiert wird und das, qualitativ ausgedrückt, zum Zeitpunkt t_1 das Verhalten des Originalsystems aufweist, wie es dieses zum Zeitpunkt t_2 zeigt. Man zeigt hierauf leicht, daß der zeitliche Verlauf dieses Systems so beschaffen ist, daß $\Phi(x,t_2) = \Psi^*(x,t_1)$ gilt, d. h. daß das System im Endzeitpunkt t_2 gerade das Verhalten aufweist, das das Originalsystem im Anfangszeitpunkt t_1 hatte. Die zeitlichen Entwicklungen der beiden Systeme sind also gerade zueinander invers. Ebenso kann man sich offensichtlich ein System vorstellen, das zur Zeit t_2 die Wellenfunktion $\Phi(x,t_2) = \Psi^*(x,t_2)$ besitzt, d. h. das in qualitativer Hinsicht die größte Ähnlichkeit mit dem ursprünglichen, zu diesem Zeitpunkt betrachteten System besitzt. Zur Zeit $t_3 = t_2 + T/2$ lautet die Wellenfunktion dieses Systems nach dem Vorangehenden $\Phi(x,t_3) = \Psi^*(x,t_1)$, d. h. das System nimmt das Aussehen an, das das Originalsystem zur Zeit t_1 hatte. Sicher sagen wir dabei in allem einfach immer „man kann sich vorstellen", und das reicht zur Konstruktion eines Gegenbeispiels nicht aus. Es reicht jedoch dagegen für die Feststellung, daß, wenn auch nicht in der Quantenmechanik, so doch wenigstens in der klassischen Mechanik, die elementaren Phänomene, die in den Meßinstrumenten auftreten, in ihrer inneren Struktur nichts enthalten, was sie zwingen würde, nur in einer Richtung abzulaufen und folglich jede „Wiederherstellung eines Zustands" grundsätzlich unmöglich macht.

Es gibt allerdings ein Mittel, trotz der eben gemachten Einwände die Irreversibilität bis in gewisse elementare Phänomene einzuführen. Dieses Mittel besteht in der Hypothese, daß der zeitliche Ablauf nach Prinzip VII (Reduktion des Wellenpakets) und nicht nach Prinzip III erfolgt. Da jedoch unser Vorhaben gerade darin besteht, ein objektives Kriterium zu finden, das die Phänomene zu erkennen erlaubt, auf die Prinzip VII anwendbar ist, ist es klar, daß eine Definition der von uns gesuchten Phänomene mit Hilfe

[1]) Dies ist wenigstens für alle Phänomene sicher wahr, die vorwiegend elektromagnetischer Art sind. In jüngster Zeit sind Zweifel darüber entstanden, ob dies auch für Phänomene gilt, die von als schwach bezeichneten Wechselwirkungen abhängen. Die Behauptung dürfte für diese unter Umständen nicht immer wahr sein. Diese Wechselwirkungen spielen aber bei den Funktionen von Meßinstrumenten keine Rolle.

von Prinzip VII zu einem circulum vitiosum führt. Eine andere Art, dieselbe Aussage darzustellen, besteht in der Einführung der durch *von Neumann* definierten „mikroskopischen Entropie" U. U ist null, wenn das System (oder besser gesagt, die entsprechende Menge) durch einen reinen Fall repräsentiert wird, sie ist größer als Null, wenn es einem Gemenge entspricht. In der Tat wächst U nicht einfach als Folge des Zeitablaufes sondern nur, wenn eine „Messung" im Sinne von *von Neumann* stattfindet, d. h. ein durch Prinzip VII beschriebener Prozeß. Für unsere Zwecke bedeutete die Definition eines irreversiblen Prozesses als Prozeß, bei dem sich U erhöht, ein neuerliches Zurückfallen in das besagte circulum.

Bei der Betrachtung von makroskopischen Systemen anstelle von mikroskopischen ergibt sich eine (ebenso durch *von Neumann* entdeckte) Möglichkeit einer neuen Definition der Entropie, der sogenannten „makroskopischen Quantenentropie", die im allgemeinen mit der Zeit variiert, auch wenn keine Messung erfolgt. Um jedoch diese makroskopische Quantenentropie ohne Mehrdeutigkeiten definieren zu können, ist es notwendig, die erlaubten Messungen am System auf die in Abschnitt 3 definierten makroskopischen Messungen zu beschränken. Das ist aber gerade das, was man durch Einführung einer Entropie vermeiden will. Selbst wenn man also an zusammengesetzte Systeme denkt, erweisen sich Argumente, die auf der Irreversibilität beruhen, als weniger stichhaltig, als man auf den ersten Blick vermuten möchte.

Es ist übrigens im allgemeinen hinreichend bekannt, daß die Begriffe der Entropie und der Information (mit aller Subjektivität, die letzteren anhaftet) untereinander verbunden sind. Die oben beschriebenen Sachverhalte sind nichts anderes als eine weitere Bekräftigung dieser Tatsache.

In der Tat hat man interessante quantitative Untersuchungen, gestützt auf die Bedingungen ergodischen Verhaltens, in diesem Bereich unternommen[46] . Sie führen indessen auch nicht zu einer Antwort, die wir wirklich als befriedigend bezeichnen könnten. Genau gesagt zeigen sie eine *näherungsweise* Koinzidenz zwischen den Vorhersagen eines Zustandsvektors und eines Gemenges für alle „makroskopischen" Größen. (Die Bedingungen ergodischen Verhaltens gestatten eine rein physikalische Definition dieses Ausdrucks). Ein derartiges Ergebnis besitzt aber bereits eine wichtige Bedeutung. Es gewährleistet nämlich, daß die Beschreibung eines oder mehrerer mikroskopischer Systeme durch einen Zustandsvektor in nichts der Erfahrung widerspricht, die wir normalerweise von solchen Systemen haben[1]). Ohne Modifikationen der Gleichungen für den zeitlichen Verlauf gestattet es jedoch keinen Schluß auf eine wirkliche von makroskopischen Systemen hervorgerufene Reduktion des Wellenpakets. Tatsächlich müßte dazu die Koinzidenz zwischen den Vorhersagen aus einem Zustandsvektor und denen aus einem echten Gemenge vollkommen sein. Die in Frage stehenden Systeme müßten durch strikte Relationen und nicht durch Ungleichungen definiert sein. Schließlich müßte es *grundsätzlich* unmöglich sein, auch nichtmakroskopische Größen zu messen, oder, wenn man dies vorzieht, nichtmakroskopische Größen dürften keine physikalische Bedeutung besitzen. Man sieht nur schlecht, ab welchem Schwierigkeitsgrad für Größen, die für einfache physikalische Systeme eine Bedeutung haben (d. h. mit einer physikalischen Realität korrespondieren),

---

1) Siehe hierzu auch *L. Van Hove*, Ref.[145], sowie *G. Ludwig*, Ref.[105]

dies nicht mehr zutreffen sollte[1]). Wenn sie aber weiterhin eine derartige Bedeutung besitzen, so sollte es keine Koinzidenzen, auch keine angenäherten, zwischen der Beschreibung durch einen Zustandsvektor und der Beschreibung durch ein Gemenge geben.

Der allgemeine Schluß aus diesem Kapitel ist, daß das in Abschnitt 1 dargelegte Programm, obwohl offensichtlich vernünftig, zu keinem Ziel geführt werden kann. In der Tat haben wir unser Hauptziel nicht erreicht, das darin bestand, einen Beweis dafür anzugeben, daß eine objektiv definierte Klasse von Systemen, die wir mit A bezeichnet hatten, existiert, so daß für ein beliebiges System S in keinem denkbaren Experiment ein Unterschied zwischen den Vorhersagen des Zustandsvektors von S+A und den Vorhersagen eines geeigneten echten Gemenges besteht. Wir vermochten daher auch nicht das zweite Ziel anzusteuern, nämlich zu zeigen, daß alle verwendbaren Meßapparaturen zu dieser Kategorie gehören. Nimmt man als gegeben hin, daß es sich hier um die Bedingungen handelt, denen die Quantenmechanik[2]) genügen muß, um mit dem Unirealismus verträglich zu sein, so muß man gestehen, daß die Verbindungen zwischen der modernen Wissenschaft und der unirealistischen Hypothese zur Stunde noch wenig befriedigend ist.

[1]) Siehe Appendix.

[2]) Wenigstens diese, welche die üblichen Abhandlungen zum Inhalt haben. Das Studium einer leichten Modifikation ihrer Axiome, welche sie mit einer „milderen" Form des Unirealismus verträglich macht und im übrigen ihre verifizierbaren Vorhersagen unverändert läßt, wird im letzten Kapitel (III, Abschnitt 3) beschrieben.

Zweiter Teil

Andere Beschreibungen

Die Vertreter des Atomismus mußten einsehen, daß ihre Wissenschaft nur ein Glied in der unendlichen Kette des Dialogs zwischen Mensch und der Natur ist und daß die Wissenschaft nicht mehr einfach von einer Natur „an sich" sprechen kann.
W. Heisenberg

I. Der wissenschaftliche Positivismus

Tritt ein in die Leere und das reine Geschehen.
Paul Valéry, Le Cimetière Marin

1. Grundlegende Prinzipien

In den beiden vorangehenden Kapiteln setzten wir die folgende Grundhypothese voran: Das Universum besteht aus einer Realität, die unabhängig von unserer Kenntnis existiert (und die praktisch unverändert existiert, selbst wenn kein denkendes Wesen vorhanden wäre, um sie zu beobachten) und diese Realität kann, so wie sie ist, mit den Mitteln der Physik beschrieben werden. Das Ziel des gegenwärtigen Kapitels ist, einen Standpunkt darzustellen und kurz zu kommentieren, den man oft dann einnimmt, wenn es darum geht, die Axiome einer Theorie oder die Grundlage der Wissenschaft im allgemeinen zu diskutieren. Es handelt sich dabei um den positivistischen Standpunkt, oder, wie man ebensogut sagen könnte, um den Standpunkt des Grundsatzempirismus.

Die Positivisten (es gibt davon übrigens mehrere Schulen) sind natürlich Erben der empiristischen Philosophie des siebzehnten und achtzehnten Jahrhunderts. Natürlich darf man sie nicht verwechseln mit den Empiristen von der Tat her, den „praktischen" Empiristen. Solche sind – sobald es sich um die Wahl von Techniken oder Hilfsmitteln handelt – notwendig in vielen Fällen die meisten Wissenschaftler. Im täglichen Leben wie in der *Praxis* der Forschung versteht man unter einem Empiristen einen Menschen, der lieber an Tatsachen als an Theorien glaubt, der Behauptungen a priori mißtraut und der leicht skeptisch wird, wenn man allgemeine Ideen unmittelbar auf ein spezielles Problem anwendet. Was sind nun die Motive für ein derartiges Verhalten? Betrachtet ein Empirist solche allgemeinen Gedanken grundsätzlich als sinnlos? Keineswegs. Meistens sieht er nicht mehr Schwierigkeiten bei der Anwendung gefaßter Grundgedanken als irgendein anderer, und er bedient sich gerne derselben Begriffe wie alle anderen. Nur glaubt er, daß jedes Problem, dessen Lösung seine Aufgabe ist, spezielle Aspekte aufweist, die zu erfassen ein allgemeiner Formalismus nicht gestattet, außer durch irgendwelche Approximationen, die ihm wenig gerechtfertigt erscheinen. Dies betrifft den praktischen Empirismus. Wie überall gibt es den praktischen Empiristen auch in der Physik. Er spielt dort sogar eine ziemlich wichtige Rolle bei der Schaffung phänomenologischer Modelle und bei der Erstellung von „Spielregeln", die beide gestatten, die Ergebnisse der verschiedenen Experimente auf einfache Art zu verbinden, ohne daß man sich dabei um tiefergehende und sehr oft unlösbare Fragen kümmern muß, welche die innerste Natur der elementaren Phänomene betreffen, die sie hervorrufen. Um sich von der entscheidenden Rolle dieser Methode selbst in reinen Wissenschaften zu überzeugen, denke man nur an die Fortschritte, die sie hervorgerufen hat. *Fermi*, um nur einen Physiker unter hundert anderen zu nennen, hält sich vorzugsweise an diese Methode und zwar bekanntlich mit überaus fruchtbarer Virtuosität. Aber auch ohne berühmte Beispiele in den Vordergrund zu stellen, läßt sich klar erkennen, daß der so verstandene Empirismus für einen Forscher eine äußerst gesunde Geisteshaltung darstellt, die man pflegen soll.

Offensichtlich ist es jedoch nicht diese Art von Empirismus, die unser Untersuchungsobjekt darstellt. In Wirklichkeit ist dieser nichts anderes als eine praktische Weisheit. Man widerlegt nicht ein Argument durch eine Vorschrift,so exzellent sie auch sein mag. Es ist daher evident, daß jemand, welche Arbeitsmethode er auch immer pflegt, wenn er sich an die in den ersten Kapiteln beschriebenen Postulate hält, zu den Folgerungen gelangt, die dort besprochen wurden. Insbesondere trifft er auf seinem Wege, sobald er systematisch an die gestellten Probleme herangeht, unweigerlich auf die Schwierigkeiten, die wir bereits aufgedeckt haben (siehe erster Teil). Das ist der Grund, warum wir weiter oben den gegenwärtigen wissenschaftlichen Positivismus einen *Grundsatzempirismus* genannt haben. Bei einer Messung, wo er hinsichtlich der Probleme, die dabei auftauchen, tatsächlich äußerst wirksam ist, geht es nicht um eine Geisteshaltung, um eine Qualität des Intellekts oder um eine Geschicklichkeit. Mit anderen Worten, der Positivismus modifiziert die Grundlagen der Argumentation selbst. Aber wie? Einfach dadurch, daß er die absolute Prädominanz der Beobachtung zum Prinzip erhebt.

Die Beobachtung, so sagt der Empirist der klassischen Zeit, ist die einzige Grundlage unseres Bewußtseins. Mit dieser Aussage als Ausgangspunkt, behauptet der heutige Positivist – wenigstens der, welcher zur gegenwärtigen Debatte einen effektiven Beitrag zu leisten vermag –, daß nur Beobachtungen wirklich einen Sinn haben. Die Wissenschaft, so folgert man daraus, kann daher nur zwei echte, eng miteinander verbundene Ziele haben, und zwar a) eine korrekte und ökonomische Beschreibung gemachter Beobachtungen zu geben und b) einen Formalismus zu konstruieren, der aus gewissen gegebenen Beobachtungsergebnissen andere vorauszusagen gestattet, mit Sicherheit oder auf statistische Art. Diese Wissenschaft hat, wir beharren auf diesem Punkt, nur diese beiden Ziele. Insbesondere kann man von ihr nicht erwarten, daß sie beschreibe, *was ist.* Zu diesem Zweck müßte man unterscheiden zwischen dem, was beobachtbar ist, und dem, was schlechthin *ist*, wodurch implizit der Begriff einer *nicht-beobachtbaren* Existenz einen Sinn erhielte. „Wie aber soll man nun unterscheiden zwischen Wissenschaft und Gaukelei? " könnte man fragen. Die Antwort auf diese Frage beruht einerseits auf der Forderung der schon erwähnten Vorhersagbarkeit und andererseits auf einer zusätzlichen wichtigen Präzisierung, von der wir noch nicht gesprochen haben. Da ein erdichtetes oder halluzinatorisches Experiment im wesentlichen persönlich, also nicht mitteilbar ist, will man unter einem wissenschaftlichen Experiment ein Experiment verstehen, das durch mündliche oder schriftliche Angaben vollständig mitteilbar ist. Ebenso müssen die Vorhersagen für zukünftige Beobachtungen aus Beobachtungen in der Vergangenheit für jeden beliebigen Beobachter wahr sein. Wir haben bereits ganz am Anfang bemerkt, daß die Invarianz bezüglich Austausch von Beobachtern, die an eine perfekte Mitteilbarkeit der Ergebnisse gebunden ist, für einen Positivisten den wahren Charakter einer objektiven Tatsache ausmacht. In Wahrheit ist das für ihn nicht ein einfaches Kriterium, es ist für ihn die Definition der Objektivität schlechthin.

Das Basisprinzip des hier beschriebenen Positivismus hat ein wichtiges *Korollar,* das *grosso modo* ausdrückt, daß jeder Begriff, der nicht mit etwas Beobachtbarem in Beziehung steht, sinnlos ist. In Wahrheit ist diese Behauptung, so wie wir sie formuliert haben, zu radikal. Sie ruft die betrüblichen Übertreibungen der ersten Empiristen in Erinnerung, die nur die nackte Sinnesempfindung anerkennen wollten. Tatsächlich enthalten moderne Theorien eine Fülle von abstrakten Begriffen, die nichtbeobachtbare Größen repräsentieren, und diese Formalismen werden keineswegs *ipso facto* von den positivistischen Physikern abgelehnt. Der Grund dafür ist, daß Begriffe dieser Art eine wesentliche Rolle als Zwischenglieder in der Kette der Argumentationen spielen, welche vergangene Beobachtungen mit den Vorhersagen für zukünftige Beobachtungen verbinden. Obwohl dies nur indirekt zutrifft, sind sie somit selbst an die Beobachtung gebunden. Im Gegensatz dazu sind die Begriffe, die in der Aussage des Korollars ohne Ausnahme verworfen werden, von einer Art, daß sie weder in direkten Beschreibungen von Beobachtungen noch als Zwischenglieder brauchbar sind. Diese Begriffe sind somit vollkommen ohne jede Beziehung zur Beobachtung und das Korollar beinhaltet, daß solche Begriffe folglich keinen Sinn haben.

Es ist natürlich unnötig daran zu erinnern, inwieweit sich diese spezielle Folgerung aus dem positivistischen Prinzip in der modernen Wissenschaft als fruchtbar erwiesen hat. Sie bildet den Kern aller relativistischen Theorien. Diese beruhen doch auf dem Verzicht auf den Begriff der absoluten Gleichzeitigkeit von räumlich getrennten Ereignissen, ein Verzicht, der gerade durch die Tatsache motiviert ist, daß dieser Begriff weder zur Beschreibung einer Beobachtung noch als Zwischenglied zur Verknüpfung von Beobachtungen geeignet ist. Auch in der Quantenmechanik ist es die Forderung nach Beobachtbarkeit, der man genügen will, wenn man davon absieht, einem Teilchen gleichzeitig einen präzisen Impuls und einen wohlbestimmten Ort zuzuschreiben. Diese Forderung kann in gewissen Fällen auch mit einer realistischen Philosophie verträglich sein. Dies ist zum Beispiel in der Relativitätstheorie der Fall. In anderen Fällen kann es jedoch vorkommen, daß der Realismus dabei in Schwierigkeiten gerät. Dort kommt dann der positivistischen Haltung die größte Bedeutung zu. In der Quantenmechanik tritt dieser Fall gerade ein.

Um dies einzusehen, wenden wir uns wieder dem vorangehenden Kriterium zu und wenden es auf den Begriff der physikalischen Realität an. Die erste Frage wird sein, ob die physikalische Realität an sich direkt beobachtbar ist. Offenbar nicht, denn worüber wir Kenntnis erlangen, sind nur physikalische Größen, Phänomene, niemals aber die Realität selbst, der wir diese Größen als Attribute zuschreiben. Ist nun der Begriff einer physikalischen Realität (die unabhängig vom Beobachter und, wie oben, selbst dann existiert, wenn es keinen Beobachter gibt) wenigstens als „Zwischenglied“ geeignet? Wirkt er als Verbindungsglied in den Deduktionen, die von vergangenen Beobachtungen zu Vorhersagen über zukünftige Beobachtungen führen? Dient er mit anderen Worten zur Konstruktion des Formalismus der Theorie? Hier erfolgt eine klare Trennung der Quantenphysik von der klassischen Physik. In der klassischen Physik heißt die Antwort „*ja*“. Aus diesem Grund ist der fragliche Begriff schon immer als sinnvoll aufgefaßt worden. Im Gegensatz dazu fehlt er in der Quantenmechanik (wir haben das schon im ersten Teil erwähnt) nicht nur im Formalismus, er erzeugt darüber hinaus sofort Schwierigkeiten, sobald man versucht, ihn dort einzuführen. Unter diesen Bedingungen steht das Urteil des Positivisten außer Zweifel: Für ihn handelt es sich um einen typischen Fall einer begrifflichen Fehlbildung. Der Begriff einer physikalischen Realität, wie er oben definiert wurde – d. h. über die Phänomene hinausreichend – muß daher überall, wo er sich verbirgt, entfernt werden. Er ist sinnlos und kann daher nur die Schaffung sinnloser Probleme bewirken, vergleichbar in ihrer Absurdität etwa mit der Frage nach dem Geschlecht der Engel.

2. Anwendungen auf die Quantenmechanik

Sobald der fundamentale und irreduzible Charakter des Beobachtungsprozesses erkannt ist (und in diesem Kapitel gehen wir sogar noch weiter, indem wir annehmen, daß die Beobachtung der fundamentale Prozeß ist), verschwinden alle Schwierigkeiten, die in der realistischen Beschreibung anzutreffen waren. In der Tat konzentrieren sie sich, wie man sich erinnern wird, um die Tatsache, daß die Prinzipien III und VII (auf den Seiten 14 und 15) (zeitabhängige Schrödingergleichung und Reduktion des Wellenpakets) nicht äquivalent sind. Ihre Anwendungsbereiche scheinen sich indessen doch wenigstens zum Teil zu überlappen. Dies ist hier gerade nicht der Fall: Die Prinzipien V, VI und VII (Werte und Wahrscheinlichkeiten physikalischer Größen, Reduktion des Wellenpakets) sind in den Fällen wirksam anzuwenden, wo Messungen angestellt wurden, während Prinzip III (Schrödingergleichung) den Verlauf des Zustandsvektors im Zeitintervall zwischen zwei Messungen beschreibt. Die Axiomatik der Theorie wird somit vollkommen klar und kehrt übrigens nach einigen evidenten Modifikationen in die Form zurück, die wir ihr ganz am Anfang (S. 6) gegeben haben.

Wenn der Positivismus, wie wir ihn hier darstellen, nichts weiter bewirkte, als den Formalismus vollständig kohärent zu machen, so wäre das bereits ein äußerst schätzenswertes Ergebnis. Aber diese Art der vorherbestimmten Harmonie, die zwischen der Quantenmechanik und dieser wissenschaftlichen Einstellung erscheint, geht noch weiter. Man macht sich dies sehr rasch klar, wenn man die Argumente aus der Nähe prüft, welche sich in den Augen mit der Quantenmechanik wenig vertrauter Personen auf den ersten Blick ernsthaft der allgemeinen Idee entgegenzustellen scheinen, daß die Wissenschaft kein anderes Ziel hat, als Beobachtungen untereinander zu verbinden. Diese Argumente lauten:

a) Der Begriff der Beobachtung ist ungenügend definiert, b) er bezieht sich notwendigerweise auf einen bestimmten Beobachter, c) eine vollkommen auf diesem Begriff beruhende Theorie kann die Reproduzierbarkeit von Experimenten nicht erklären.

Das Argument a) beruht auf der Bemerkung, daß man sich einerseits keine Beobachtung vorstellen kann, bei der keine Trennung zwischen Beobachter und beobachtetem System vollzogen wird (welchen Grad von Realität dieser auch haben mag) und daß andererseits die Bestimmung dessen, was Bestandteil des Systems und was Bestandteil des Beobachters ist, willkürlich bleibt. Bei dem bereits einmal benutzten Beispiel (siehe S. 34). wenn ein Physiker etwa die Temperatur einer Flüssigkeit mißt, könnte man sagen, daß sein Gehirn, sein Sehnerv, seine Netzhaut, seine Augenlinse, das Licht, das dorthin gelangt, und das Quecksilber des Thermometers gemeinsam den Beobachter bilden, und daß das System aus der Flüssigkeit allein besteht. Ebenso könnte man aber zum Beispiel auch sagen, daß das System aus Flüssigkeit, Licht, Augenlinse und Netzhaut des Physikers besteht und daß in jedem Fall der Rest den Beobachter ausmacht. Wenn man andererseits, um diese Willkür aufzuheben, festsetzt, daß alles, was „rein physikalisch" ist, Licht, Linse, Netzhaut, usw., zum System gehören soll, so weiß man nicht, wo man Halt zu machen hat. In Wahrheit scheint es nahezu, daß der Beobachter – hier unsere höchste Realität, vergessen wir das nicht[1]) – vom vollständigen Verschwinden nur durch unsere bisherige Unkenntnis von den Phänomenen im Gehirn geschützt ist. Somit ist das, was den Beobachter ausmacht, entweder willkürlich oder gar nicht vorhanden.

Obwohl das Argument a) als ziemlich schwerwiegend erscheint, ist die davon herrührende Schwierigkeit im Rahmen des Formalismus der Quantenmechanik leicht zu beseitigen. Es genügt dazu, wie man bereits auf Seite 35 sehen konnte, an die Argumentation durch *von Neumann* zu erinnern, die zeigt, daß für eine gegebene Messung in den Vorhersagen der Theorie keine Änderung eintritt, wenn man die Grenze zwischen beobachtetem System und Beobachter verschiebt (sofern sie nur weiterhin existiert). Somit kann man ohne Änderung der Vorhersagen behaupten, daß zum Beispiel das Auge des Physikers noch zum System gehört, oder im Gegensatz dazu, daß es bereits Bestandteil des Beobachters ist. Die Willkür, welche im Argument a) bemängelt wird, ist zwar durchaus vorhanden, aber sie ist bedeutungslos, da sie in keiner Weise die Ergebnisse beeinflußt, die man vom Formalismus erwartet, nämlich die Korrelationen zwischen vergangenen Beobachtungen und den Vorhersagen für zukünftige Beobachtungen.

Da nun Argument a) seiner Wirkung beraubt ist, kann der positivistische Physiker auch leicht die Schwierigkeiten meistern, die Argument b) zu schaffen scheint. Um wirklich zu zeigen, daß der wissenschaftliche Inhalt der Theorie unabhängig vom Beobachter ist (Objektivität im positivistischen Sinn), genügt es offenbar, wenn man feststellt, daß die Korrelationen, von denen weiter oben die Rede war, nicht davon abhängen. Nehmen wir an, es sei wahr, daß der Zustandsvektor eines Systems für einen Beobachter A, der das System „betrachtet" hat, verschieden ist von dem Zustandsvektor, wie ihn ein Beobachter B findet, der das System nicht „betrachtet" hat. Die Struktur der Theorie ist dagegen solcher Art, daß niemals ein Widerspruch in den für die Folgebeobachtungen von A vorhergesagten (nicht

[1]) Denn offensichtlich setzt eine Beobachtung die Existenz eines oder mehrerer Beobachter voraus. Der Begriff der Beobachtung reduziert sich also auf den einer einfachen Wechselwirkung zwischen Systemen (mit allen Schwierigkeiten, die dabei auftreten), wenn nicht der Begriff des Beobachters selbst irreduzibel ist.

zu vergessen, statistischen) Korrelationen und den für die Folgebeobachtungen von B vorhergesagten eintreten kann, ob diese Personen nun ihre Informationen austauschen oder nicht[1]. Insofern also das experimentelle Arrangement vollständig spezifiziert ist, sind die von der Theorie gelieferten Vorhersagen für *jeden beliebigen Beobachter* gültig. In der Sprache wie in der Philosophie des hier behandelten Positivismus ist dies, wir haben es bereits mehrmals betont, die einzige annehmbare Definition der Objektivität. Die Positivisten sind somit ihrer Definition zufolge vollkommen berechtigt zu sagen, daß die Quantenmechanik eine objektive Theorie ist.

Was soll man nun schließlich vom Argument c) halten? Dieses Argument läßt sich nicht so einfach in eine formale Sprache übersetzen, aber seine Stärke wird darum von vielen nicht weniger tief empfunden, und dies wahrscheinlich mit Recht. Man kann die Sachlage in nahezu treuer Form so darstellen, wie wir es nun versuchen wollen. Im Rahmen der realistischen Konzeption nimmt man an, daß eine physikalische Realität, die wohldefinierten und unwandelbaren Gesetzen gehorcht, existiert. Die Tatsache, daß eine Folge von Ereignissen – wenigstens statistisch gesehen – unbegrenzt reproduzierbar ist, erklärt man sodann auf evidente Weise durch diese Unwandelbarkeit der Gesetze. Aber wenn, wie in der nun darzustellenden Philosophie, von keiner einem Experiment unterliegenden Realität explizit angenommen wird, daß sie existiert, wenn die Wissenschaft nach einem Ausspruch *Poincarés* nur eine Ansammlung von Vorschriften ist, nach welchen gewisse Beobachtungen mit anderen zu verknüpfen sind, wie kommt es dann, daß diese einmal gefundenen Vorschriften, jedesmal wenn man sie anwendet, unweigerlich zum Ziel führen? Warum, mit anderen Worten, gibt es einen Bereich menschlicher Erfahrung, wo nicht Gaukelei und Unvorhersehbares regieren?

Sicher kann der Positivist darauf immerhin antworten, daß es sich dabei eben auch um eine einfache Tatsache handelt, die das Ergebnis einer Beobachtung und nichts weiter ist, daß die Quantenmechanik tatsächlich bis zur Gegenwart in den Vorhersagen von Versuchsergebnissen mit Erfolg gekrönt war und daß die von uns getroffene Feststellung, daß es so ist und nicht anders, keiner tieferen Erklärung bedarf. Es bleibt jedoch trotz allem noch immer, daß die Hypothese einer die Beobachtung übersteigenden physikalischen Realität wahrhaftig diese eindrucksvolle Menge von stets auf Bestellung reproduzierbaren Erfolgen erklärt, während der Positivismus seinerseits nichts weiter tun kann, als Beobachtungen ohne Kommentar zu registrieren.

Um dem Argument c) auf eine möglichst befriedigende Weise zu begegnen, ziehen viele Physiker vor, sich einer Vorstellung vom Universum anzuschließen, die in gewisser Hinsicht in der Mitte zwischen Realismus und Positivismus liegt. Von der letzteren Philosophie entlehnen sie den Skeptizismus hinsichtlich der Möglichkeiten einer echten Kenntnis von der Realität. Hingegen bekennen sie sich zur Hypothese, daß ein „Ding an sich" existiert, von dem unsere Beobachtungen und unser Wissen eine sehr ungetreue Ab-

[1] Die Verteilungsfunktionen der a priori-Wahrscheinlichkeiten, über die jeder der Beobachter verfügt, werden natürlich bei einem derartigen Informationsaustausch modifiziert. Aber dies geschieht in derselben Art wie bei ähnlichen Modifikationen im Rahmen der klassischen Physik (wo die Objektivität nicht angezweifelt wird), sofern man sich auf die Statistik beruft.

bildung vermitteln. Wegen der Tatsache, daß eine so eingeführte Realität keiner „operationellen“ Definition entspricht und also einen gewissen metaphysischen Charakter besitzt, scheint es doch angebracht zu sein, dieser Art die Dinge zu sehen, nicht das Beiwort positivistisch zu geben. Überdies muß man zur Kenntnis nehmen, daß man zur Vermeidung eines Rückfalls in die Schwierigkeiten des Realismus nur äußerst vorsichtige Annahmen über die Eigenschaften der Dinge an sich und ihre Beziehungen zu den mathematischen Entitäten, welche die Beobachtung beschreiben, erlauben darf. Es könnte sonst wirklich vorkommen, daß selbst sehr allgemeine der letzten Realität zugesprochene Eigenschaften und sehr vage Hypothesen über ihre Beziehung zu den Phänomenen mit den Tatsachen unverträglich wären. Dennoch gibt es eine Art, wie man sich ein Ding an sich vorstellen kann, wenn man so sagen will, ohne daß man dabei grundsätzlich mit der Quantenmechanik in Widerspruch gerät. Es handelt sich um die These von der untrennbaren Realität des Universums, die im letzten Kapitel dieses Werks beschrieben wird (siehe S. 82). Diese Darstellung der Welt hat gewisse Züge mit dem Realismus gemeinsam. Aber die Tatsache, daß der Zustandsvektor des Universums unseren Berechnungen vollkommen unzugänglich ist und diese daher immer nur Teilerscheinungen betreffen können, führt uns, was die Praxis angeht, zu einer Geisteshaltung, wie sie dem positivistischen Physiker eigen ist, oder wenigstens nahe zu einer solchen heran.

II. Die Interpretation von Niels Bohr

Fallen Sie nicht im Lauf, Herr Astrologe, und hüten Sie sich, den dünnen Schleier zu lüften, der über diesem Phantom liegt.
Alfred Jarry. Le vieux de la montagne.

1. Überblick über die Bohrsche These

Unter den verschiedenen Interpretationen der Quantenmechanik nimmt eine teils aus historischen Gründen, teils aber auch auf Grund ihrer Einfachheit, ihrer Effektivität und ihrer Eleganz eine Sonderstellung ein. Es handelt sich um die Interpretation der sogenannten „Kopenhagener Schule", deren Struktur und deren Formulierungen hauptsächlich auf *Niels Bohr* zurückgehen. Die große Anerkennung, deren sich die Begriffe dieser Schule unter den westlichen Physikern erfreuen, nötigt uns, das Studium dieses explikativen Systems mit besonderer Sorgfalt zu betreiben. Um die Beschreibung so treu wie möglich zu halten, folgen wir in der Hauptsache den Arbeiten von *Niels Bohr* selbst[22, 25, 26, 29].

Dieser Autor nimmt die Evidenz der folgenden Behauptung als Ausgangspunkt: Mit den Worten „Messung" oder Erfahrung kann nichts anderes gemeint sein als eine Folge von Operationen, deren Beschaffenheit uns befähigt, anderen mitzuteilen, was wir getan und erkannt haben. Das impliziert offenbar, so wird hierauf zur Geltung gebracht, daß die Beschreibung der experimentellen Anordnung und die Erfassung der erhaltenen Ergebnisse in unserer Umgangssprache abgefaßt sein müssen, die durch Hinzunahme technischer Ausdrücke entsprechend verfeinert ist. Das ist aber gerade das, was die klassische Physik tut. Mit anderen Worten heißt das also, die Sprache, die wir zu diesem Zweck verwenden dürfen, muß die Sprache der klassischen Physik sein.

Für die Beschreibung der experimentellen Anordnung ist diese Bedingung natürlich erfüllt. Die Meßinstrumente, deren wir uns bedienen, entsprechen unseren eigenen Größenordnungen und sind daher massiv genug, um durch Ausdrücke der klassischen Physik mit hinreichender Genauigkeit beschrieben zu werden. Dasselbe trifft auch auf die Beschreibung der Beobachtungsergebnisse zu, vorausgesetzt, daß wir keine übertriebenen Forderungen bezüglich der Interpretation dessen stellen, was wir gesehen oder beobachtet haben. Tatsächlich erhalten wir nicht direkt Kenntnis von Atomen oder anderen mikroskopischen Objekten. Jede Information darüber erfolgt mit Hilfe permanenter Spuren (Bläschenbahnen, Zählerphotographien, usw.), die diese Objekte an den makroskopischen Körpern hinterlassen, welche die experimentellen Anordnungen bestimmen.

Auf den ersten Blick erscheinen solche Betrachtungen banal und evident. *Bohr* jedoch beruft sich darauf, um die Notwendigkeit für eine (von ihm als „fundamental" bezeichnete) Trennung zwischen dem Meßinstrument und den am Experiment beteiligten mikroskopischen Objekten herauszustellen, und zwar gerade auf Grund der Notwendigkeit für eine Beschreibung der *Arbeitsweise* des Instruments in einer rein klassischen Sprache. Dadurch ist jede Bezugnahme auf ein Wirkungsquantum ausgeschlossen. Indessen sind die quantenhaften Aspekte der Phänomene unserer Kenntnis nicht entzogen: Sie verraten ihre Existenz durch Beobachtungen, die wir am Instrument anstellen. Wir erkennen so, daß im Gegensatz zu den Verhältnissen in der klassischen Physik die Wechselwirkung zwischen dem Quantensystem und dem Instrument einen unabtrennbaren Teil des Phänomens ausmacht. Daraus folgt schließlich, *daß eine eindeutige Beschreibung von Quantenphänomenen grundsätzlich eine geeignete Information über die verwendete Versuchsvorrichtung enthalten muß.*

Sind diese Argumente deduktiv? Sind sie plausibel? Welche Meinung man darüber auch haben mag, auf jeden Fall wird man diese Argumente vorerst einmal sehr einfach finden. In gewisser Hinsicht sind sie es auch tatsächlich. Trotzdem genügen sie, um in den Kern der Interpretation der Kopenhagener Schule einzuführen. In der Tat liefert nämlich, so könnte man sagen, der letzte hervorgehobene Satz (der, wenn man will, auch als Axiom betrachtet werden darf) den Schlüssel zur gesamten von *Bohr* in seinen Schriften entwickelten Analyse. Man drückt dies oft auch so aus, daß man sagt, das untersuchte Objekt und das Instrument bilden zusammen ein untrennbares Ganzes. Eine besonders klare Darstellung dieses Gedankens verdankt man *L. Rosenfeld*[125], der ihn so formuliert: „In der klassischen Physik läßt sich eine klare Unterscheidung zwischen dem untersuchten System und den Beobachtungsmitteln treffen, so daß man von den letzteren bei der begrifflichen Erfassung der Phänomene absehen kann. Die Existenz eines Wirkungsquantums (in der Quantenphysik) macht diese Unterscheidung unmöglich, weil sie die Analyse der Wechselwirkung zwischen System und Apparatur, welche die äußeren Umstände festlegt, unter denen wir beobachten, einer Beschränkung unterzieht. Das durch System und Beobachtungsinstrumente gebildete unteilbare Ganze macht hier das „Phänomen“ aus. Im atomaren Bereich muß man die Phänomene auf diese Weise im Ganzen erfassen. Jeder Versuch, sie auf dieselbe Art zu analysieren wie in der klassischen Physik, bringt sie ganz einfach zum Verschwinden“.

Mit diesem Schlüsselgedanken versehen kehren wir nun mit *Bohr* zur Analyse der Experimente zurück. Zur Feststellung der charakteristischen Eigenschaften der Objekte müssen wir in der Quantenphysik wie in der klassischen Physik auf Experimente zurückgreifen. Einzig und allein die Experimente definieren schließlich diese Eigenschaften. In der klassischen Physik können wir aber, wenn wir wollen, eine hinreichend komplizierte Versuchsanordnung konstruieren, die uns alle über das zu untersuchende Objekt erhältliche Informationen auf einmal liefert. In der Quantenphysik ist das nicht möglich, und hier liegt eben der Unterschied. Wir können jedoch dort eine Apparatur heranziehen, die uns gestattet, wie wir sagen, Interferenzmuster zu beobachten. Aus diesem Interferenzmuster schließen wir auf eine Wellenlänge und hierauf auf einen *Impuls*. Auch hier hindert uns nichts daran, diesen dem Quantenobjekt zuzuschreiben, wenn wir wollen. Zwar formen Objekt und Instrument ein untrennbares Ganzes, so daß vom Impuls des Objekts zu sprechen nur eine Konvention bedeutet, diese ist jedoch sehr bequem und stellt, vorausgesetzt daß man sich ihrer Grenzen bewußt ist, keinen Nachteil dar. Können wir aber jetzt die Apparatur so vervollständigen, daß *auch* eine weitere Quantengröße beobachtet werden kann, die sich wegen der Natur der Versuchsvorrichtung, aus Analogie zur klassischen Physik oder aus einem beliebigen anderen Grund ganz natürlich als *Position* desselben Objekts interpretieren läßt? Die Erfahrung zeigt, daß dies unmöglich ist. Jeder Versuch in dieser Richtung bringt die Interferenzmuster zum Verschwinden. Dies ist ganz normal, da wir bei einem Versuch, die Meßapparatur zu *vervollständigen,* dieses unteilbare Ganze aus Instrument und Objekt *verändern,* welches in Wahrheit das Phänomen definiert. Verwenden wir nun die neue Anordnung, so haben wir es mit einem ganz anderen unteilbaren Ganzen zu tun, wobei das, was man beobachtet, letztlich eine „Position" ist. (Wieder ist es bequem, von einer Position des Objekts zu sprechen, obwohl es sich auch hier nur um eine sprachliche Konvention handelt).

Die Betrachtungen über Impuls und Position lassen sich, wie jeder weiß, verallgemeinern. Das Ergebnis ist der berühmte Begriff der *Komplementarität.* Alle erfaßbaren Größen können durch eine Messung definiert werden und zwar mit jeder gewünschten Genauigkeit. Jedoch gilt das nicht für mehrere Größen gemeinsam. Präziser ausgedrückt heißt das: Die Assoziation einer gegebenen Versuchsanordnung mit einem System oder einem Quantenobjekt[1]) stellt ein Ganzes her. Zur Beschreibung dieses Ganzen darf man gewisse Begriffe aus der klassischen Physik entlehnen. Man darf auch vereinbarungsgemäß dem Quantenobjekt die beobachteten oder beobachtbaren Werte der Größen zuweisen, die diesen Begriffen entsprechen. Es gibt jedoch weitere, als komplementär zu den ersteren bezeichnete Begriffe der klassischen Physik, mit denen man bezüglich des betrachteten „Ganzen" unmöglich dasselbe durchführen darf. Die Assoziation *anderer* Versuchsanordnungen zu demselben Quantenobjekt gestattet, die Rollen zu vertauschen und die letztgenannten Begriffe zu verwenden. Es handelt sich jedoch dann um ein anderes „Ganzes", um ein anderes Phänomen, und für dieses neue „Ganze" sind es nun die weiter oben als erstes genannten Begriffe, die ihrerseits in der angeführten Art vollkommen unbrauchbar werden. Schließlich ist hier natürlich noch der Inhalt der Heisenbergschen Relationen anzufügen. Für einen Satz gegebener komplementärer Begriffe entspricht eine bestimmte Anordnung von Instrumenten im allgemeinen weder einer wirklich präzisen Definition der Größen, die mit den einen Begriffen verbunden sind, noch einer Definition der Größen, die zu den dazu komplementären Begriffen gehören. Je größer die Bestimmtheit für die einen ist, umso schwächer ist sie für die anderen. Das Produkt ihrer statistischen Abweichungen besitzt eine durch das Wirkungsquantum festgelegte untere Grenze. Wie man sieht, ist die Komplementarität ein Begriff, zu dem es kein Analogon in der klassischen Physik gibt. Es handelt sich dabei um eine Relation zwischen Phänomenen von vollkommen neuem Typ.

Die Untrennbarkeit der Phänomene und der Begriff der Komplementarität, der vorausgeht, sind die Kernstücke der in Kopenhagen vor allem durch *Niels Bohr* entwickelten Lehre. Man kann diese kurze Übersicht am besten dadurch abschließen, daß man die große Fruchtbarkeit dieser Begriffe vom Standpunkt der Praxis aus hervorhebt.

[1]) Oder exakter ausgedrückt, auf das, was wir darunter zu verstehen haben. In Wirklichkeit ist das angebliche „Quantenobjekt" gar kein Objekt, da es vom übrigen nicht trennbar ist.

Eine abstrakte Kenntnisnahme kann dies offenbar nicht zum Ausdruck bringen. Aber alle, welche die Quantenmechanik für die Berechnung von Phänomenen verwendet haben, wissen es genau. Sobald subtile Fragen über die Interpretation von Ergebnissen auftreten, sobald Widersprüche oder auch nur willkürliche Aussagen aufzutreten scheinen, das von *Bohr* vorgeschlagene Rezept ist unfehlbar: Man darf sich nie durch „metaphysische" Fragen über die den Quantenobjekten zugeordneten abstrakten Begriffe hemmen lassen. Ganz im Gegenteil soll man stets nur die Endergebnisse des Versuchs im Auge behalten und sich schließlich nur um die Erwartungen kümmern, die man diesbezüglich unter Berücksichtigung der Apparatur stellen darf. Aber verstrickt man sich so nicht in eine Paradoxie? Gelangt man nicht durch zwei verschiedene Denkweisen zu zwei sich gegenseitig ausschließenden Folgerungen? Es genügt, wenn man die eben angegebene goldene Regel anwendet. Dann sieht man alle Schwierigkeiten schwinden, alles wird klar, und man stimmt einmal mehr in die Meinung vieler Physiker ein: „Dieser Teufelskerl *Bohr* hat doch immer Recht."

2. Die Bohrschen Ideen und der Realismus

Sind die Ideen von *Bohr* eigentlich mit der *unirealistischen* Konzeption verträglich, oder sagen wir kurz, mit den *realistischen* Konzeptionen, die im ersten Teil definiert und diskutiert wurden? Diese Frage gilt es nun zu beantworten.

In diesem Zusammenhang ergibt sich sofort eine Feststellung: Sei es, daß *Bohr* die Antwort für evident hielt, sei es aus anderen uns unbekannten Gründen, *Bohr* hat diese Frage in Wahrheit nie angeschnitten. In der Tat erscheint selbst das Wort „Realität", so scheint es wenigstens, nur sehr selten in seinen Schriften. Nur eine Ausnahme, die einzige vielleicht, ist zu erwähnen: das Wort findet sich tatsächlich in der Bohrschen Widerlegung des Paradoxons von *Einstein, Podolsky* und *Rosen.* Es wird dort jedoch dem Vokabular der zitierten Autoren entlehnt. Ungeachtet dieser Einschränkung ist seine Verwendung in diesem Zusammenhang interessant. Wir werden sofort darauf zurückkommen.

Obwohl *Bohr* selbst davon absieht, die physikalische Realität aus eigenen Stücken beim Namen zu nennen und nur immer von „Phänomenen" spricht, obwohl er somit diesem Begriff keinen wissenschaftlichen Wert zuzuschreiben scheint, kann man, wenn man will, doch fragen, ob seine Konzeptionen mit der Hypothese einer den besagten Phänomenen zugrunde liegenden physikalischen Realität verträglich sind. Zum Studium dieser Frage ist es angebracht, vorerst die in Frage stehenden Thesen mit der *Hypothese H* des ersten Kapitels zu konfrontieren. Kann man denn im Rahmen der Bohrschen Ideen daran denken, daß die mikroskopischen Objekte und gewisse ihrer Eigenschaften eine individuelle Realität besitzen, auch wenn die „Phänomene", durch die sie sich offenbaren, unteilbar sind? Kann man, mit anderen Worten, davon sprechen, daß ein Proton der kosmischen Strahlung mit einer wohlbestimmten Geschwindigkeit dahinfliegt und in einer bestimmten Richtung eine wohldefinierte Spinkomponente besitzt? Kann man ein derartiges Proton als objektive physikalische Realität auffassen, unabhängig von jedem Beobachter und unabhängig von jedem Instrument? Obwohl eine derartige Beschreibung die Unschärferelation keineswegs verletzen würde, ist die Antwort auf diese Frage offenbar *nein*. Wäre nämlich die Antwort *ja*, so müßte man auch das Teilchen V aus einem unserer früheren Beispiele (siehe erster Teil, S. 17) so betrachten, als ob ihm eine eigene Existenz und eine wohldefinierte Spinkomponente zukäme. Dann ließe sich aber das Paradoxon von *Einstein, Podolsky* und *Rosen* nicht vermeiden. Was nämlich *Bohr* sagt, ist gerade, daß eine Beschreibung dieser Art unmöglich ist. Sofern der Gedanke an eine Realität selbst einen Sinn hat, so ist diese Realität notwendigerweise unteilbar, und *Bohr* behauptet in der Tat, daß sie, um vorhanden sein zu können, selbst mit dem Beobachtungsinstrument unteilbar verbunden sein muß.

Warum aber soll man bei der Bedeutung dieses Problems nicht *Niels Bohr* selbst zu Wort kommen lassen? Nehmen wir das bekannte, von *Einstein* angeregte Beispiel. *Bohr* gibt zunächst in einem Gedankenexperiment zu, daß zu der Zeit, wo U und V bereits getrennt sind und wo an U eine Messung angestellt wird, U und V nicht mehr auf materielle Art in gegenseitiger Wechselwirkung stehen. „Offenbar", so sagt er, „handelt es sich in diesem Fall nicht um eine mechanische Störung des untersuchten Systems während der letzten kritischen Phase des Meßprozesses. In diesem Stadium", so fügt er hinzu, „ist die wesentliche Frage die nach dem Einfluß auf die Bedingungen selbst, welche die verschiedenen möglichen Typen von Voraussagen bezüglich des zukünftigen Verhaltens des Systems definieren. Da diese Bedingungen ein Element darstellen, das in der Beschreibung jedes Phänomens enthalten ist, mit dem man mit Recht den Ausdruck physikalische Realität verbinden kann, so sehen wir, daß die Argumentation der zitierten Autoren durch ihre Schlußfolgerung nicht gerechtfertigt wird[1])."

In einem Zuge gelesen erscheint diese wichtige Passage nicht ganz klar. *Niels Bohr* hat übrigens wenig später eingesehen, daß er sich schlecht ausgedrückt hatte[28]. Entwirrt man jedoch den Knäuel, was schnell geschehen kann, so stellt man erstens fest, daß das Argument der Untrennbarkeit von den Versuchsbedingungen (und diesmal im Hinblick auf die von *Einstein, Podolsky* und *Rosen* behauptete physikalische Realität) von neuem aufgeworfen wird, und zweitens, daß allgemein gesehen die Bedeutung des Ausdrucks ‚physikalische Realität' selbst über die Bedeutung des Wortes Phänomen nicht hinausgeht.

Der erste Punkt beweist unsere Behauptung: Wenn der Begriff der physikalischen Realität überhaupt einen Sinn hat, so ist diese Realität notwendigerweise ungeteilt zwischen Quantenobjekt und Beobachtungsinstrument. Das ist die *Bohrsche* These. Will man das Paradoxon von *Einstein, Podolsky* und *Rosen* wirklich zu Fall bringen, so ist

---

1) Die Schlußfolgerung der zitierten Autoren (die im übrigen ein anderes Beispiel verwendeten) war, daß die durch die Quantenmechanik gelieferte Beschreibung *unvollständig* ist. In dem im Text behandelten Beispiel schließt man eher, wenn man die Prämissen hinnimmt, auf eine *unexakte* oder *paradoxale* Beschreibung. Was uns hier jedoch vor allem interessiert, ist weder die Schlußfolgerung dieser Autoren noch das Urteil, das *Niels Bohr* über diese Folgerung hatte. Uns kommt es darauf an, die Gedanken von *Niels Bohr* selbst zu verstehen. In dieser Hinsicht sind es die Worte „jedes Phänomen, mit dem man mit Recht den Ausdruck ‚physikalische Realität' verbinden kann", die in dem vorangehenden Zitat spezielle Bedeutung haben.

tatsächlich eine derartige (mehr oder weniger weit vordringende) These notwendig, wie man sehen konnte. Der zweite Punkt *zeigt darüber hinaus, daß es bei Bohr nur gewisse Phänomene sind, die, wenn man will, als „physikalische Realität" qualifiziert werden können,* oder mit anderen Worten, daß es keinen Sinn hat, von einer physikalischen Realität zu sprechen, die existiert, auch wenn kein Beobachter existiert und daher auch keine Beobachtung, d.h. also keine „Phänomene". Dies ist offensichtlich wichtig. Insbesondere fragt man sich bisweilen, ob es in der Bohrschen Konzeption nicht die Wellenfunktion oder der Zustandsvektor ist, was die Realität eines Systems beschreibt. Tatsächlich ist dies nicht der Fall. *Bohr* selbst war darum bemüht, dies klar zum Ausdruck zu bringen. „Man muß erkennen", so sagte er bezüglich Berechnungen mit Hilfe der Wellenfunktion[24], „daß wir es dabei mit einem *rein symbolischen* Vorgang zu tun haben, dessen eindeutige physikalische Interpretation letzten Endes erfordert, daß man sich auf eine vollständige experimentelle Anordnung bezieht".

Das Fehlen des Begriffs einer Realität in der Physik von *Bohr,* die über die Phänomene[1)] hinausginge, hat bedeutende Vereinfachungen zur Folge. Wie alle Positivisten, deren These im vorangehenden Kapitel dargelegt wurde, braucht sich *Bohr* nicht mit den komplizierten Einzelheiten des Meßprozesses auseinanderzusetzen. Auch die mühevollen Analysen und die trügerischen Resultate aus Kapitel II des ersten Teils bleiben ihm so erspart. Selbstverständlich wäre beides unvermeidbar für einen, der die Bohrschen Konzeptionen mit denen des Realismus im ersten Teil des Buches in Einklang bringen möchte.

Manche Wissenschaftler bringen *Bohr* gegenüber den Einwand vor, daß eine Konzeption wie die seine nicht wahrhaft *objektiv* sei. Zum Beispiel wendet sich eine kürzlich von *Wigner* aufgestellte Behauptung (siehe die Tabelle auf S. 4) in diese Richtung. In der Tat wissen wir aber bereits, daß es sich dabei um eine reine Frage der Terminologie handelt. Für *Wigner* und für *Einstein* bedeutet ‚objektiv', wie für alle Realisten, offenbar „unabhängig von der Existenz eines Beobachters selbst", und in diesem Sinn hat *Wigner* Recht. Die orthodoxe Konzeption der Quantenmechanik ist vollkommen auf dem Begriff des Phänomens begründet, was erfordert, daß man die Wahrnehmungen eines oder mehrerer Beobachter in Betracht zieht. Sie ist daher nicht objektiv. Für *Niels Bohr* aber, wie für alle Physiker, die wir der Kürze halber unter dem gemeinsamen Namen „Positivisten" zu einer Gruppe zusammengefaßt haben, bedeutet objektiv, wie bereits gesagt, „unabhängig davon, wer beobachtet". Mit dieser Auffassung hat *Bohr* keine Mühe zu zeigen, daß seine Physik objektiv ist. „In dieser Hinsicht", schreibt er, „hat die Beschreibung der atomaren Phänomene vollkommen objektiven Charakter, insofern nämlich keine explizite Bezugnahme auf einen individuellen Beobachter erfolgt und daher den Forderungen der Relativisten gemäß bei der Mitteilung der Information keinerlei Mehrdeutigkeit auftritt".

Der Vollständigkeit halber erwähnen wir schließlich, daß man den Bohrschen Konzeptionen oft vorgeworfen hat, sie seien nicht „materialistisch". Auch hier handelt es

---

1) Wenigstens ist dies dort der Fall, wo schließlich die Dialektik *Bohrs* ans Ziel gelangt, nachdem sie sich über offensichtliche Widersprüche im makroskopischen Realismus emporgehoben hat. Für eine weitere Diskussion dieser Philosophie sei insbesondere Ref.[136] erwähnt.

sich zum Großteil um eine Frage der Terminologie. Die Konzeptionen *Bohrs* sind sicher mit dem Materialismus unverträglich, wenn man darunter mehr oder weniger die Philosophie versteht, die wir in diesem Werk als Unirealismus bezeichnet haben (was die übliche Auffassung ist). Versteht man dagegen unter Materialismus, wie es *Léon Rosenfeld* will, „den sich stets verfeinernden Ausdruck der Beziehungen zwischen der äußeren Welt und ihrer Darstellung in unserem Geist“ [125], so wird die Sache zweifelhaft. Eine derartige, offenbar dualistische Definition (die anders ausgedrückt – insofern man dies beurteilen kann – sowohl dem Geist als auch der Materie den gleichen ursprünglichen und irreduziblen Charakter zuschreibt) sammelt in sich einen „Materialismus“, dem viele Leute von ganz verschiedener geistiger Herkunft angehören. Insbesondere wären *Teilhard de Chardin, Bergson,* der Papst, usw. in dieser Hinsicht einwandfreie Materialisten [1)]. Kann man dies nun auch von *Bohr* sagen? Die Antwort darauf ist wenig klar, da die Worte „äußere Welt“ in den Schriften dieses Autors nicht vorkommen und daher einer Analyse bedürften.

Wir beenden die Diskussion, indem wir zur fundamentalen Trennung zwischen Meßinstrument und untersuchtem Objekt zurückkehren, die *Bohr* zur Basis seines Systems gemacht hat. „Diese Trennung“, so lehrt er uns, „ist eine direkte Folgerung aus der Notwendigkeit, die Arbeitsweise des Meßinstruments in einer rein klassischen Sprache auszudrücken.“ [29] Dabei tritt noch eine Frage auf. Darf man mit Recht einwenden, daß Instrumente aus Atomen bestehen, die Quantencharakter besitzen, und daß die „Arbeitsweise“ einer Apparatur, obgleich ein Hauptbegriff für einen Ingenieur, nicht einer der Hauptbegriffe der Physik ist, auf dem man eine fundamentale Trennung begründen könnte? Die Antwort lautet, daß ein Einwand dieser Art unserer Meinung nach gerade darauf hinausläuft, die wahre Substanz der Bohrschen These zu ignorieren. In der Tat spricht man hier einerseits implizit die Sprache einer allen Phänomenen zugrunde liegenden physikalischen Realität und vergißt andererseits die „wesentliche Rolle (wir zitieren nochmals *Léon Rosenfeld* [125]) des Beobachters in der Definition der Phänomene“.

Somit sind die Bohrschen Konzeptionen aus sich selbst heraus in jeder Hinsicht sehr weit von der unirealistischen Hypothese entfernt und – jedenfalls soweit die Schwierigkeiten aus Kapitel II des ersten Teils bestehen bleiben – mit einer derartigen Metaphysik unverträglich. Hingegen sind diese Konzeptionen mit der in diesem Werk als positivistisch bezeichneten Position nicht unvereinbar. Sie nähern sich sogar beträchtlich, was

---

1) Wir erinnern diesbezüglich an eine verkannte Wahrheit: Der *dialektische* Materialismus nimmt die Idee einer „besonderen Eigenschaft“ des Geistes gerne auf, obwohl er offensichtlich vermeidet, diesem Wort eine zu präzise Bedeutung zu geben. Nur in einer extremen Interpretation (die an einigen Stellen ziemlich heftig wird) wird ein Begriff, wie etwa das Bewußtsein, auf physikalische Begriffe zurückgeführt. Indessen muß man selbst dann erkennen, daß der Materialist sich vom Nicht-Materialisten dadurch sehr wohl unterscheidet, daß er es ablehnt, dem Geist die Möglichkeit einer getrennten Existenz einzuräumen. Es ist interessant festzustellen, daß trotz dieser Divergenzen der Konzeptionen (von dogmatischem Charakter) die gegenwärtige Wissenschaft in Wirklichkeit zugunsten einer Annäherung der Standpunkte spricht, da die Biologie, schematisch dargestellt, die Mechanismen des Bewußtseins betont, während die Physik umgekehrt auf dessen Ursprünglichkeit beharrt und die Rolle verteidigt, welche diese in Hinblick auf die Materie spielt.

ihre elegante Effektivität erklärt. Die Konzeptionen sind objektiv, wenn man Objektivität als Invarianz gegenüber Beobachteraustausch erklärt. Sie kommen jedoch nicht davon los, daß mindestens ein Beobachter existieren muß, der nicht auf andere Objekte zurückführbar ist. Sie sind möglicherweise materialistisch, wenn man den Materialismus so definiert, daß in der Definition des Wortes selbst der Begriff des Geistes aufscheint. Sie sind auf keinen Fall materialistisch, wenn das nicht zutrifft [1]).

---

[1]) In der zitierten Arbeit kommt *L. Rosenfeld* zu Schlußfolgerungen, die diesen in ihrer Gesamtheit sehr ähnlich sind. Die Farben, durch die er sie erhellt, sind allerdings viel akzentuierter. Als feuriger Anhänger des „Materialismus" verdammt er den „Idealisten" *W. Heisenberg.* An diesem Autor kritisiert er besonders heftig, daß er an irgendeiner Stelle das Wort „geistig" verwendet habe. Dieser Ausdruck ist nur das „Schibboleth einer Klasse", erklärt er hierzu. Dem Protest, den er anbringt, mangelt es nicht an Eingebungen. Er wäre indessen überzeugender, würde in derselben Arbeit *L. Rosenfeld* nicht selbst ausgerechnet das Wort „Geist" (zu lesen weiter oben, S. 70) verwenden, und dies in einem Zusammenhang, der in seinen Augen entscheidend sein sollte, handelt es sich dabei doch um nichts anderes als um die Darlegung seines eigenen philosophischen Glaubensbekenntnisses.

III. Mögliche Geisteshaltungen

What is your substance, whereof are you made, that millions of strange shadows on you tend ?

Shakespeare, Sonnets

Woraus ist diese Welt gemacht? Bisher beruhte die Analyse auf klaren und einfachen Konzeptionen. Wir haben ihre Vorteile und Nachteile kennengelernt. Als Gesamteindruck ergibt die Untersuchung, daß die Darstellungen von unserer Beziehung zur Natur, die einer wissenschaftlichen am nächsten kommen, nicht immer die am meisten evidenten sind.

Es bleibt somit der Versuch einer Art Bestandsaufnahme und Anpassung. Welche der bekannten Standpunkte hinsichtlich dessen, was wir gegenwärtig von den Grundlagen der Physik wissen, erscheinen denn vernünftig, oder welche Modifikationen müßte man dabei anbringen? Diese Frage ist natürlich sehr schwer zu beantworten. Die stetige Erneuerung der wissenschaftlichen Perspektiven bewirkt, daß alle Antworten, die man hierauf geben könnte, mit Vorsicht abzufassen sind. Auch ist man leicht verführt, ihnen aus dem Weg zu gehen, sei es, daß man sich in die Neutralität – oder Kurzsichtigkeit – des Spezialisten zurückzieht, oder sei es, daß man fügsam der augenblicklichen Mode folgt und sein Wissen dieser mehr oder weniger recht und schlecht anpaßt.

Es liegt viel Klugheit, aber auch in gewisser Hinsicht eine gefährliche Bescheidenheit in einer solchen Einstellung. Das Recht jedes beliebigen, sich mit Unterstützung all dessen, was er weiß, eine auf Vernunft aufgebaute Konzeption von der umgebenden Welt zu formen, ist sicher unantastbar. Man ist nicht gut beraten, wenn man sich dessen enthält, zumal die Inkompetenz, die man zugunsten eines Verzichts dieser Art anführen könnte, relativ gesehen natürlich keine Entschuldigung ist. Innerhalb von Gemeinschaften strebt jede Leere im Denken danach, sich von selbst zu füllen, sei es auch nur – mangels anderer Substanz – durch autoritäre Dogmen oder gemeinsam gehegte Fantasiegebilde. Die allgemeine Zurückhaltung von Menschen, die zumindestens teilweise ein Einschätzungsvermögen besitzen, bedeutet somit eine Gefahr. Vom Standpunkt vernunftbegabter Wesen ist es daher eine Pflicht, diese Haltung abzulehnen und trotz des Risikos zu versuchen, ein eigenes Urteil zu bilden. Urteilen bedeutet hier ja nicht verurteilen oder freisprechen, sondern einfach ein Sich-Befassen mit den verschiedenen Philosophien über die Natur auf eine möglichst vorurteilsfreie Art. Zu diesem Zweck ist eine zusammenfassende Übersicht über die allgemeinen Denksysteme von Nutzen, die im Laufe der Geschichte Beachtung gefunden haben. Ohne Zweifel wird dies zum Teil nur ein Hinweis auf bereits bekannte

Begriffe sein, aber es gibt, wie *Raymond Aron* sagt, Situationen, in denen man die Wiederholung von Banalitäten nicht fürchten darf, wenn sie nutzbringende Folgen haben [1]).

Vorerst ist eine allgemeine Bemerkung geboten. Die Wissenschaft ist rationalistisch und will es sein. In Wahrheit ist sie es, so könnte man sagen, definitionsgemäß. Ohne Frage hat man daher bei einer derartigen Untersuchung vom Rationalismus auszugehen. Das wird allgemein anerkannt, man darf diesen Punkt als definitiv betrachten.

Dennoch ist vorerst eine Präzisierung nötig. Denn wenn man vom Rationalismus spricht, so denkt man manchmal an einen gewissen „totalitären" Rationalismus, der keineswegs wissenschaftlich ist und der sich sogar im Widerspruch mit den Wissenschaften der heutigen Zeit befindet. Es handelt sich um die im Mittelalter oft gelehrte These (die zum Teil noch von *Descartes* unterstützt wurde), daß die Struktur der physikalischen Welt im wesentlichen vollständig durch den Verstand ableitbar sei, und zwar ohne Zuhilfenahme unserer Sinne. Der nahezu vollkommene Untergang der cartesischen Physik, die Zahl seiner angeblichen „Deduktionen", die keine sind oder die falsch sind, zeigen sehr wohl, daß auch der mächtigste Geist unter Verwendung dieser Methode die Wahrheit nicht entdecken konnte. Daher hat man diese Methode seit langer Zeit aufgegeben. Was man unter „wissenschaftlichem Rationalismus" zu verstehen hat, ist eine weit elastischere Geistelhaltung. In bildhafter Sprache könnte man sagen, der Verstand spielt dort weniger die Rolle einer unbiegsamen Leitschiene, längs der man die Deduktionen ablaufen läßt, sondern eher die Rolle des Zements, der die Versuchsergebnisse zusammenfügt und synthetisiert, in steuerbarer und wirksamer Form und unter Schaffung und Verwendung einer minimalen Zahl neuer Begriffe. Versteht man den Rationalismus auf diese Art, so entscheidet er keineswegs im voraus über die neuen Begriffe, zu denen die Untersuchung erst gelangt, wenn sie weiter fortgeschritten ist. Er setzt sich somit a priori keine Grenzen für das, was er sein kann. Das ist eine Methode und keine Philosophie. Somit müssen wir uns zweifellos dem Gebot des Rationalismus unterwerfen. Wenn es sich um die Interpretation von Entdeckungen handelt, müssen wir uns ebenso davor hüten, möglicherweise fremdartige Folgerungen oder Gedanken im Namen der reinen Vernunft zu verdammen. Solche Gedanken können eine erfolgreiche Synthese der Beobachtungen bewirken, wenn ihr einziger Fehler der ist, daß sie uns ungewohnt erscheinen [2])

---

[1]) Es ist sicher eine Anmaßung – besonders von seiten eines Nicht-Fachmanns – in einem Kapitel die großen Naturphilosophien vorstellen zu wollen. Andererseits kommt man doch nicht umhin, einige kurze Hinweise auf ihre grundlegenden Elemente zu geben. Da die Vorgangsweise somit unvermeidbar ist, kann man vielleicht ihre Unverschämtheit dadurch ein wenig vermindern, daß man auf eine Ähnlichkeit zwischen theoretischen Physikern und Philosophen hinweist: Oft sind sie sehr unklar im Ausdruck ihres Denkens. Was die einen wie die anderen an Vernünftigem und wahrhaft Neuem bringen, ist meist seinem Wesen nach völlig einfach.

[2]) Auf Grund der rationalistischen Forderung ergibt sich, daß philosophische Geisteshaltungen, die durch verstandesmäßige Spitzfindigkeiten bis zur Überschreitung des logischen Denkens und zum Ausdruck des Irrationalen vordringen wollen, in diesem Werk nicht zu untersuchen sind.

1. Der Idealismus Platons und die Schule der Pythagoräer

Was die Interpretation der Phänomene der Natur betrifft, unterscheidet man bereits im Denken der Griechen zwei Tendenzen. Eine davon, als Materialismus bezeichnet, besitzt als Repräsentanten die Philosophen *Leukipp* und *Demokrit,* die als erste von Atomen gesprochen haben. Obwohl die Verwandtschaft des Materialismus dieser Autoren mit dem der jüngsten Zeit zweifelhaft ist, läßt sich in ihren Arbeiten doch eine Art Vorbildung der modernen Begriffe erblicken. Diese letzteren werden mit unseren Kenntnissen in Abschnitt 3 verglichen werden. Die zweite Richtung ist der Idealismus. *Platon* ist sein berühmtester Vertreter. Er ist jedoch von unserem Standpunkt aus nicht der bedeutendste.

Nach *Platon* haben die Ideen allein als Archetypen von dem, was existiert, eine letzte Realität. Im Ideenhimmel regiert die Idee des Schönen, die Idee des Großen, die Idee des Wahren, aber auch die Idee des Pferdes, der Eiche und des Kieselsteins, und alle sind der Idee des Guten untergeordnet. Diese Wesen sind dem Menschen nicht direkt sichtbar: Was er davon erkennen kann, ist nur ihre Projektion, entstellt übrigens zu dem, was wir nach der Meinung *Platons* fälschlich als reelle Welt bezeichnen. Somit enthält das Höhlengleichnis – wenigstens was uns betrifft – alles Wesentliche dieser Lehre. Der Mensch ist wie ein naiver Zuschauer im Kino, der vermeint, die Personen am Bildschirm leibhaftig zu sehen, und der daher an die Existenz eines *Gérard Philippe* oder *Gabin* ebenso glaubt, wie an die Existenz von Kinosälen, in denen man die Filme dieser Schauspieler projiziert. Die wahre Realität jeder dieser Personen geht den Bildern voran und ist eindeutig. Wir aber erhalten von einigen ihrer Charakterzügen nur durch die Vermittlung solcher Projektionen Kenntnis, und dies in unvollkommener Art.

In den Naturwissenschaften bedeutet eine Bezugnahme auf Ideen der Realität und eine Auffassung von den Dingen als deren Reflexe allein leider nur eine sterile Art, sich die Welt vorzustellen. Weit davon entfernt, Annahmen über Beschreibungen oder Erfahrungen zu bringen, weit davon entfernt daher, neue Entdeckungen anregen zu können, trägt dieser ruhende, dichterische und undeutliche Aspekt eher dazu bei, den Geist einzuschläfern und sich mit unbeständigen Bildern zufrieden zu geben. Gewiß, die große Aufblähung des hohlen Symbolismus, der in den ersten Jahrhunderten unseres Zeitalters geboren wurde und der sich in gewissen Traditionen durch das Mittelalter hindurch bis zu unseren Tagen erhalten hat, geschah erst nach *Platon* selbst. Man fühlt also wohl die Ungerechtigkeit, die man beginge, wollte man das edle Denken dieses Philosophen für eine in mancher Hinsicht rein zufällige Entwicklung verantwortlich machen. Es ist jedoch darum nicht weniger wahr, daß die mystische Beschaulichkeit der Ideen und deren Reflexe in dieser Welt wenig kritische Geister leicht zu Wortspielereien mit mehreren Bedeutungen, konkreten und bildhaften, und zu schlimmeren Leichtfertigkeiten des Intellekts führen mag.

Diese Kritiken sind nicht grundlos. Man könnte, wenn man wollte, noch weitere anführen. Es kommt jedoch selten vor, daß ein Gedankengut aus einem Stück besteht und daß sein spezifischer Inhalt vollkommen gut oder schlecht beurteilt werden kann. Im Falle des Idealismus existiert, selbst wenn man sich auf die griechische Gedankenwelt beschränken will, eine andere Version, deren Einfluß auf die Wissenschaft ganz anderer Art war. Es handelt sich dabei um die Lehre der Pythagoräer. Diese Philosophie ist bekannt: Von der primären Realität wird dort angenommen, daß sie nur speziellen Ideen zukomme, nämlich keinen anderen als den Zahlen. Noch genauer gesagt, ihre Quelle ist die Harmonie der Zahlen. Ausgenommen vielleicht in der Musik, ist das, was die Pythagoräer selbst auf allgemeine Art aus ihrer Hypothese abzuleiten wußten, in keiner Weise beweiskräftig. Ist es dadurch zu begründen, daß dieser Gedanke eine Torheit ist? Oder war die Wahrheit, die er enthält, zu stark und vom Kern der Dinge zu weit entfernt? Die Geisteshaltung der Schüler von *Pythagoras* hat lange unter der Asche gedöst. Ja man berichtet, daß sie in widrigen Zeiten des Mittelalters im Verborgenen von gewissen Kreisen Italiens überliefert wurde. Ihre Auferstehung feierte sie im sechzehnten Jahrhundert. Die Bedeutung der Mathematik in der Beschreibung von Beobachtungen wurde zu dieser Zeit begründet, zuerst durch die Entdeckung von *Kopernikus*, dann durch die von *Kepler*, *Galilei* und *Newton*. Seitdem ist sie immer offenkundiger geworden. Insbesondere beim Studium der Geschichte der theoretischen Physik wirkt ein Kontrast frappierend, nämlich der, daß man einerseits dabei auf Beschreibungen in Ausdrücken der gewöhnlichen Sprache trifft, die mehrere Male die Bedeutung gewechselt haben, und andererseits auf mathematische Formulierungen, die nur eine Folge von Perfektionierungen erfuhren. Auch findet man bei Befragung aufrichtiger theoretischer Physiker gemeinhin eine Überzeugung vor, die im Grunde dem Denken der Pythagoräer entspricht, daß die Beschreibungen, konkreter oder abstrakter Art, das wert sind, was sie leisten, daß aber die letzte Realität nicht in ihnen ruht, sondern in der Harmonie der Gleichungen und Formeln. Ohne Zweifel darf man nicht übertreiben. Es handelt sich dort mehr um eine Tendenz als um eine systematische Philosophie. Man kann mit anderen Worten in der Eleganz eines Formalismus einen Hinweis auf seine Richtigkeit sehen, ohne jedoch in der Art, wie man die Welt zu betrachten pflegt, ein Pythagoräer oder ein Idealist zu sein. Die gegenwärtige Neigung zur Abstraktion, so allgemein und so ausgezeichnet sie ist, ist eine implizite Huldigung an die Gedanken *Pythagoras*'und seiner Schüler und stellt eine von Staunen erfüllte Anerkennung ihres Genies dar.

2. Der positivistische Empirismus

Unter seiner heute beliebtesten Form ist der Pythagoräische Gedanke, wie man eben gesehen hat, weniger eine Philosophie als eine Geisteshaltung. In einem gewissen Maße könnte man nahezu dasselbe auch vom wissenschaftlichen Positivismus sagen. Ohne Zweifel ist die positivistische Epistemologie durchgearbeitet und sehr durchdacht. Die formelle Kenntnis davon erstreckt sich dennoch kaum auf mehr als einen ziemlich engen Kreis von Fachleuten. Die positivistische Geisteshaltung dagegen ist, genau wie die pythagoräische, in der weiten Welt der Physik weit verbreitet.

Es zeigt sich übrigens, daß diese Richtungen zur Stunde nicht ohne Beziehungen sind. Diese Tatsache ist bemerkenswert, denn man kann sich schwer Tendenzen vorstellen, die im Ursprung noch unterschiedlicheren Charakter haben. Während einer, der bewußt oder unbewußt ein Schüler *Pythagoras*'ist, die Schönheit und Eleganz in der mathematischen Darstellung der Phänomene sucht, so ist der Positivist, wie wir gesehen haben, ein direkter Erbe des Empirismus des siebzehnten und achtzehnten Jahrhunderts. Die Empiristen wollten aber zum Großteil nur die Sinnesempfindungen als wahr anerkennen, d. h. das direkte Ergebnis eines Versuches. Der Grund für die Annäherung, die sich zwischen zwei ursprünglich so weit entfernten Begriffen vollzogen hat, liegt darin, daß man sich mit der Entwicklung der Wissenschaft sehr schnell von der Unmöglichkeit überzeugt hat, die Doktrinen der Empiristen vollkommen unberührt aufrecht zu erhalten. Die Versuchsdaten sind in der Tat (wir wiederholen hier in wenigen Worten wohlbekannte und überzeugende Argumente [1])) immer nur in beschränkter Zahl vorhanden. Graphisch stellt man sie durch Punkte dar, die, so zahlreich sie auch sein mögen, stets voneinander getrennt sind. Aus der Angabe der verschiedenen Punkte kann man offenbar nichts Neues schöpfen. Um in der Lage zu sein, Voraussagen machen zu können, muß man daraus auf andere Punkte schließen. Dies erfordert, daß man eine Kurve zeichnet, die durch alle diese diversen Punkte verläuft, oder wenigstens durch deren Umgebung. Jedoch gibt es, wie zahlreiche Autoren betont haben, durch endlich viele Punkte immer unendlich viele Kurven. Die Verhaltensregel des Physikers, die darin besteht, durch die experimentell gegebenen Punkte eine *Näherungskurve* zu legen, die ihm *einfach* erscheint, ist zweifellos ein natürlicher Akt, der jedoch über die Angaben seiner Sinne hinausgeht. Ein Akt sogar, der über die elementaren Angaben hinaus wirkliche Freiheiten in Anspruch nimmt, da er diese Angaben in einem gewissen Maße korrigiert. Die Tätigkeit des Zeichnens einer Kurve, das Niederschreiben einer Gleichung oder einer Formel ergibt sich also ohne Zweifel aus einer Unterwerfung unter die Erfahrung, aber keineswegs ganz und gar. Sie ergibt sich auch aus einem Postulat, das eine nicht auf reine Gegebenheiten reduzible Einfachheit fordert.

Je weiter die Entwicklung der physikalischen Wissenschaften fortschritt, umso klarer wurde, daß, wenn man die Phänomene in ihrer gesamten Komplexität wirksam beschreiben will, diese Forderung nach Einfachheit und nach Einbeziehung der experimentellen Angaben in einen abstrakten, aber leicht zu handhabenden Formalismus wesentlich ist. Aus dieser gesamten Entwicklung resultiert schließlich, daß sich die gegenwärtige positivistische Einstellung in diesem Punkt immer weiter von der Haltung entfernt, die diese Lehre in ihren Anfängen eingenommen hat. Nicht nur daß sie die Abstraktion nicht mehr ablehnt, sie fördert sie sogar. In einem aber, wir betonen das, ist sie ihren Prinzipien treu geblieben. Immer sind es noch im besonderen die Sinnesdaten, welchen unanzweifelbare Rechtfertigung zukommt. Die aktuelle Haltung der positivistischen Physiker zusammenfassend (sie ist in ihren Einzelheiten in einem der vorangehenden Kapitel beschrieben worden) kann man sagen, daß es sich dabei im wesentlichen um eine Erforschung von Zuordnungen, Formeln und Rechenverfahren handelt, die gestatten, auf möglichst wirksame Weise die Ergebnisse von noch auszuführenden Versuchen vorherzusagen, wenn eine hinreichend große Zahl von Ergebnissen bereits erfolgter Beobachtungen bekannt ist.

Die grundsätzlichen Schwierigkeiten, die diese Auffassung von der Wissenschaft mit sich bringt, sind an entsprechender Stelle aufgezählt worden. Man hat dort auch erkannt, daß die spezielle Form der Quantenmechanik einige davon beseitigt. Es bleiben je-

---

1) Siehe *Henri Poincaré:* Wissenschaft und Hypothese [119].

doch, wie man sehen konnte, die großen Schwierigkeiten um das Problem der physikalischen Realität. In der Tat ist in diesem Bereich eine gewisse Mehrdeutigkeit zu erblicken. Es ist zum Beispiel so, daß manche der Autoren, die sich auf *Niels Bohr* berufen, auch einräumen, daß eine fundamentale physikalische Realität, die unabhängig von jeder Kenntnis existiert, den Phänomenen zugrunde liegt. Dies erlaubt ihnen, die Beziehungen zwischen Ursache und Wirkung und die Existenz physikalischer Gesetze als völlig normal zu betrachten, und es ergeben sich diesbezüglich keine Fragen. Wenn es sich jedoch um Fragen von der Art handelt, wie sie das Paradoxon von *Einstein, Podolsky* und *Rosen* aufwirft, so bekennen sich die Schüler von *Bohr* unter den Physikern lieber zu einer anderen Haltung. *Niels Bohr* schrieb über diesen Gegenstand, wie man bereits gesehen hat: „. . . jedes Phänomen, mit dem man mit Recht den Ausdruck physikalische Realität verbinden kann . . ." Er gibt durch diese Worte zu verstehen, daß man für die Bedürfnisse des Beweises nicht die Existenz einer physikalischen Realität betrachten dürfe, die vor den Phänomenen sei. Dies ist offenbar der Grund, warum er nirgends auf Fragen stößt, welche die Theorie der Messung betreffen, die Reduktion des Wellenpakets oder die diffizilen Probleme, die in diesem Zusammenhang auftreten (siehe oben den Abschnitt „realistische Beschreibung"). Dieser Verzicht auf den Begriff einer physikalischen Realität, die selbst in Abwesenheit eines Beobachters – also in Abwesenheit von „Phänomenen" – existiert, vermindert dagegen die Fassungskraft der Wissenschaft für ihre Möglichkeiten. Wenn die letzte Wahrheit aus Beobachtungen stammt, d. h. wenn es definitiv die Bewußtseinsinhalte der verschiedenen Beobachter sind, die diese Wahrheit begründen, so versteht man schlecht, wir haben dies bereits am Ende von Kapitel I gesagt, wie die Existenz einer Gesetzmäßigkeit und somit die Möglichkeit für korrekte Vorhersagen von Beobachtungen erklärbar sein soll. Unter diesen Bedingungen muß man darüber hinaus eingestehen, daß die Grenze zwischen Positivismus und reinem Idealismus schwer zu erkennen ist.

Es ist daher nicht überraschend, daß mehrere Autoren sich weigern, *Bohr* zu folgen, und daß sogar einige unter ihnen, die mehr als andere mit der Absolutheit einer physikalischen Realität verbunden sind, in der subtilen Dialektik dieses Autors und der Theoretiker des Positivismus mehr einen Kunstgriff zur Beseitigung der wahren Probleme sehen als wirkliche Argumente für deren Lösung. Diese Meinung wird insbesondere sehr klar durch *L. de Broglie* in seinem letzten Buch vertreten. *Schrödinger,* der daran erinnert hat, daß „die positivistische Philosophie angerufen wurde, um uns zu sagen, daß wir nicht zwischen der Kenntnis, die wir von einem physikalischen Objekt erlangen können, und dem Zustand dieses Objekts selbst unterscheiden dürfen", zitierte unlängst die begrifflichen Schwierigkeiten der Quantenmechanik und fuhr fort mit der Erklärung: „Der Notbehelf, der von der positivistischen Philosophie entliehen ist und als vernünftiger Ausweg dargestellt wird, ist zu günstiger Stunde und mit Autorität verabreicht worden. Er scheint uns von der Aufgabe zu entbinden, das zu erforschen, was ich eine wahre Kenntnis nennen möchte. Er macht selbst den Versuch verdächtig . . ." [129].

Ohne direkt eine Kritik darzustellen (denn die Geisteshaltung von *Niels Bohr* ist, es ist gar nicht nötig dies zu betonen, *kohärent*), hören sich diese Worte wie ein Vorbehalt an. Sie berühren indessen weder die Positivisten noch die Schüler von *Niels Bohr.* Mit gutem Recht bringen nämlich alle die ungeheuren praktischen Erfolge zur Geltung, die allein durch ihre empirische Art die Dinge zu betrachten ermöglicht wurden. Ohne dies im geringsten zu bestreiten, kann man sich fragen, ob ein stets mehr von den Fesseln allzu deskriptiver Theorien befreiter Empirismus den einzigen Weg in die Zukunft bietet. In jüngster Zeit sind interessante Versuche in dieser Richtung unternommen worden, besonders was die Probleme der Zusammensetzung und der Streuprozesse von Elementarteilchen betrifft (Dispersionsrelationen und verwandte Formalismen). Die Basisidee [1]) dafür war, daß man sich von jeder Darstellung dieser Objekte durch Wechselwirkungsterme und selbst durch Felder befreite. Was man zu finden hoffte, waren einige Formeln, die Voraussagen für Beobachtungen zu verschiedenen Experimenten erlauben sollten. Obwohl jedoch die in diese Richtung zielenden Anstrengungen guten Erfolg gezeigt haben, so mußte man eingestehen, daß man auf dem Wege dorthin mehr Schwierigkeiten begegnet ist, als man vorerst erwartet hatte. Einer der Gründe dafür ist der, daß in den mehr „deskriptiven" Theorien (man beachte, daß auch solche sehr mathematisch und formal sein können) eine ganz natürliche Unterscheidung zwischen einem Grundgesetz getroffen wird, das unabhängig vom Menschen ist, und der Approximation, die die Kompliziertheit des einen oder anderen Phänomens für seine Berechnung erfordert. In den Versuchen, von denen gerade die Rede war, und die in allem nur Rechenvorschriften zur Verfügung stellten, sind Unterscheidungen dieser Art nicht mehr am Platz. Daraus resultiert eine gewisse Vermengung von Haupt- und Nebensächlichem, von „Gesetz" und „Approximation", die schließlich doch der Effektivität des Unternehmens schadet. Da die Effektivität das Hauptargument der Positivisten ist, sind wir da an einem empfindlichen Punkt angelangt. Die Argumente sind indessen noch zu schwach, man kann daraus noch nicht auf die Entwicklung der Techniken in den Grunddisziplinen der Physik schließen, auch nicht auf die Entwicklung in der nächsten Zeit.

Fassen wir zusammen: Was die Interpretation der Quantenmechanik betrifft, so ist, wenn man so sagen will, der „radikale Positivismus" äußerst wirkungsvoll. Er gestattet in der Tat, daß man sich um die weiter oben angegebenen beunruhigenden Probleme (siehe erster Teil) nicht kümmern muß. Wenn man aber diese Lösung adoptiert, so muß man auch den Mut für die Erkenntnis besitzen, daß man für ihre Einfachheit einen gewissen Preis zu zahlen hat. Der Preis besteht in der Aufgabe des zwar metaphysischen, aber immerhin ganz natürlichen Begriffs einer physikalischen Realität, die auch ohne Beobachter existiert, und von der andererseits die wissenschaftliche Sprache, wenn auch nur in approximativer Form, spezielle Konfigurationen [2]) beschreibt. Was die Wirksamkeit der physikalischen Forschung betrifft, so hat die positivistische oder empiristische Geisteshaltung während der ersten Hälfte dieses Jahrhunderts erstaunliche Fortschritte erlaubt. Sie hat in der Tat dazu beigetragen, den menschlichen Intellekt vom Krebsgeschwür gewisser als a priori gegeben betrachteter Konzepte zu befreien, wie etwa vom absoluten Zeitbegriff oder vom Begriff einer gleichzeitigen präzisen Messung zweier komplementärer Größen. Es ist dagegen nicht sicher, ob das Vertrauen, das man in immer wachsendem

---

[1]) Wenigstens in einigen Fällen und für einige Autoren. Jede Verallgemeinerung ist hier fehlerhaft.

[2]) Man kann jedoch, wenn man will, die Idee eines gewissen unerkennbaren *Ding an sich* beibehalten.

Maße auf reine Vorschriften durch Gleichungen und Formeln setzt, d. h. ob die stets gesteigerte Geringschätzung für den Begriff eines als absolut betrachteten „Naturgesetzes" (das folglich unabhängig vom Rechenvermögen des Theoretikers ist), notwendigerweise fruchtbar sein muß. Die jüngste Entwicklung weist eher auf das Gegenteil hin. Die „pythagoräische" Richtung, d. h. der Glaube an die Existenz eines „Naturgesetzes" und die Überzeugung, daß die Eigenschaften der Symmetrie und der mathematischen Einfachheit das fundamentalste sind, was es in der Welt gibt, scheint in der Tat ebenso fruchtbar zu sein, wie ein bis über alle Grenzen betriebener Positivismus. Nimmt man die jüngsten Ergebnisse über die Symmetrien, die zwischen Teilchen und elementaren Wechselwirkungen auftreten als gegeben hin, so ist man sogar versucht, dieser Richtung den Vorzug zu geben.

Man muß gestehen, daß die Unterscheidungen, die man hier gerne trifft, in der Praxis wenig deutlich sind. Selbstverständlich ist jeder theoretische Physiker von der Einfachheit und der mathematischen Eleganz eingenommen und zur gleichen Zeit tief im Empirismus verwurzelt. Er interessiert sich, oft ganz aus der Nähe, für experimentelle Gegebenheiten, sucht diese mit Hilfe von wenigen Hypothesen zu einem Bündel zusammenzufügen, er weiß, daß man leicht einem Irrtum verfällt und zieht daher eine zwar unvollkommene, aber wirksame und geprüfte Vorschrift der glänzendsten nicht-verifizierbaren Extrapolation vor. Sein Vorstellungsvermögen bleibt jedoch wach, denn sein Wissen empfiehlt ihm, an die „Ingeniosität" der Naturgesetze zu glauben, oder anders gesagt, an einen Parallelismus zwischen diesen und einem mathematischen Gesetz. So verhält es sich auch bei der Erforschung von einfachen, aber nicht banalen Lösungen, kühnen Hypothesen und unerwarteten Symmetrien, die in Phänomenen – vielleicht – konkretisiert werden. Diese beiden Aspekte seiner Tätigkeit, die erfinderische Abstraktion und der Empirismus, sind schwer vereinbar, aber es ist die Aufgabe des theoretischen Physikers, sich darum zu bemühen, und sein Handwerk besteht in der Erfindung von Mitteln, um einst dies Ziel doch zu erreichen.

3. Der Unirealismus und die These von der untrennbaren Realität

Obwohl die Richtungen des Positivismus und der pythagoräischen Ästhetik heutzutage weit wirksamer für den Fortschritt in der Physik sind, bildet die Konzeption von der Welt, die wir im ersten Teil als unirealistisch bezeichnet haben, doch ein sehr verführerisches Modell. Einfach und an den geistigen Inhalt unserer Zeit leicht anzupassen, hat sie zudem eine Stütze in einer mehr als ein Jahrhundert währenden Tradition [1].

---

[1] Es ist kaum nötig, einmal mehr zu betonen, daß das, was wir hier als Unirealismus bezeichnen, mit dem zusammenfällt, was man meist spontan unter „Materialismus" versteht. Der Ausdruck „Materialismus" hat jedoch den Nachteil, daß er mit zuviel Vorstellungen und Emotionen geladen ist, so daß er schließlich (wie man im letzten Kapitel sehen konnte) mehrere verschiedene und unvereinbare Konzeptionen umfaßt. Aus diesem Grund glaubte man, den Ausdruck Unirealismus prägen und definieren zu müssen.

Wenigstens insofern man sich auf das Studium von Systemen und Strukturen von unseren Größenordnungen beschränkt – seien sie organischer Art oder nicht – bietet sie darüber hinaus eine Beschreibung der Erfahrung, die wissenschaftlich sehr fruchtbar ist. Dies ist übrigens der Grund, warum sie von so vielen großen Denkern am Ende des letzten und am Anfang dieses Jahrhunderts so warm empfohlen wurde. Sie wird es heute noch von einer großen Zahl von Gelehrten, besonders vielleicht von Forschern (wie zum Beispiel den Biologen), die sich mit dem Studium von so komplexen Systemen befassen, daß es bis zu den letzten Jahren noch nicht möglich war, weiter als bis zu elementaren Strukturen vorzudringen.

Dies alles muß in Betracht gezogen werden, und zwar mit echter Aufmerksamkeit. Man darf jedoch dabei eine der bemerkenswertesten Entwicklungen unserer Epoche nicht vergessen: die Tatsache, daß die moderne Wissenschaft mehr und mehr Gesichtspunkte heranzieht, die von denen des Unirealismus verschieden sind. Die Bohrsche Konzeption, im vorangehenden Kapitel kurz dargestellt, die Konzeption *von Neumanns*, die ebenfalls kurz skizziert wurde (S. 33) , die von *Heisenberg* (siehe Tabelle auf S. 4), sind genügend Beispiele für Thesen dieser Art, von denen zu sagen, daß ihre Autoren in irgendwelchem Grade der wissenschaftlichen Schärfe entbehrten, geradezu kindlich wäre. Man muß jedoch einräumen, daß die unirealistische Konzeption nicht ein Rahmen a priori für rationalistisches Verständnis ist und daß sie schließlich in allem doch nur aus einer Hypothese besteht. Die Verhaltensregel, die man unter diesen Bedingungen heranziehen muß, besteht offenbar darin, daß man diese Hypothese einer Prüfung durch die Erfahrung unterzieht, d. h. man sucht herauszufinden, ob sie in Übereinstimmung mit der großen und einfachen Synthese der bekannten Tatsachen ist, welche der gewöhnlich von der Quantenmechanik verwendete Formalismus begründet. Das ist dank der Arbeiten mehrerer Autoren gelungen, die im ersten Teil dieses Werkes zusammenfassend beschrieben wurden.

Wie man gesehen hat, fällt diese Prüfung ungünstig aus, wenn man den Formalismus wörtlich nimmt. Daran können auch Annäherungspunkte – und solche sind zahlreich vorhanden – zwischen der klassischen Physik und der Quantenphysik nichts ändern. Diese Analogien existieren, das ist richtig. Man kann zum Beispiel behaupten, daß auch die klassische Physik oft die Statistik zu Hilfe nimmt und mit beschränkten Kenntnissen über ihre Systeme operiert. Größen wie die Temperatur werden auf diese Art in sehr natürlicher Weise eingeführt. Es ist auch unanfechtbar, daß die Invarianz, oder allgemeiner die Kovarianz, der Gesetze der relativistischen Physik durch Ausdrücke beschreibbar sind, in denen nur von einem Austausch der Beobachter die Rede ist, die mit den einzelnen Markierungen verbunden sind. Und wenn sich die gesamte klassische Physik mit Hilfe der Ausdrücke Wahrscheinlichkeit und Beobachter formulieren läßt, so grundsätzlich *auch* durch eine unirealistische Sprache, in der der Begriff eines Beobachters gar nicht vorkommt. In der Quantenmechanik – wir verstehen darunter die übliche Darstellung mit der Reduktion des Wellenpakets – trifft die eben genannte Situation in dieser Hinsicht, wie man früher (S. 8 bis 56) sehen konnte, nicht zu. Niemandem ist es bisher tatsächlich gelungen, sie mit der unirealistischen Konzeption in Einklang zu bringen. Wenn man auch die Hoffnung darauf immerhin bewahren mag, so ist die Aussicht darauf doch sehr gering.

Nach Meinung von Fachleuten ist es zweifelhaft, ob man jemals so weit gelangt [1]. Wie *Wigner* in dem bereits zitierten Satz (siehe Tabelle auf S. 4) sehr stark betont, liegt der Unterschied zwischen der klassischen Mechanik und der Quantenmechanik darin, daß die klassische Mechanik, wenn man will, durch den Begriff der physikalischen Realität formuliert werden kann, während sich die Quantenmechanik nur durch statistische Verknüpfungen zwischen aufeinander folgenden Beobachtungen ausdrücken läßt.

Da die unirealistische Konzeption nur eine Hypothese ist, und da andererseits diese Hypothese offensichtlich mit einem extrem einfachen, eleganten und hinreichend geprüften Formalismus nicht verträglich ist, scheint ein Verzicht darauf das vernünftigste und wissenschaftlichste zu sein. Wenn man jedoch um jeden Preis den Gedanken beibehalten will, daß die Realität nur von einer Art und „rein physikalisch" ist in dem Sinn, der im ersten Teil angegeben wurde, so muß man ohne Zweifel eine leichte Änderung des Formalismus gestatten.

An dieser Stelle ist eine Zwischenbemerkung angebracht. Bis zu dieser Seite behandelte dieses Werk nur die *nicht modifizierte* Quantenmechanik. Darunter ist zu verstehen, daß man sich durch eine derartige Begrenzung eines Gegenstandes, der sonst zu umfangreich wäre, freiwillig darauf beschränkt, nur die Interpretationen der gewöhnlichen Quantenmechanik zu untersuchen, deren Prinzipien in den grundlegenden Abhandlungen enthalten sind und die den Gegenstand der üblichen Vorlesungen bilden. An dieser Stelle **befreien wir uns zum ersten Mal von dieser Einschränkung. Die Natur des Problems zwingt uns dazu, denn würden wir uns mit Strenge an den Wortlaut des in Kapitel I des ersten Teils** dargelegten Formalismus halten, so könnte das zu falschen Vorstellungen führen. Alle in Kapitel II dieses Teiles angetroffenen Schwierigkeiten stehen in der Tat mit der Reduktion des Wellenpakets in Verbindung. Es ist daher eine Untersuchung dringend notwendig, ob nicht ein Formalismus *ohne* Reduktion des Wellenpakets annehmbar wäre.

Zur Präzisierung der Fragestellung ist ein letzter und kurzer Streifzug in die Technik des Formalismus, von dem wir sprechen, unumgänglich. Ist es möglich, daß man nur eine durch Prinzip III aus Kapitel I (Schrödingergleichung) beschriebene Entwicklung postuliert und daraus bezüglich so komplexer Systeme, wie sie die Meßinstrumente bilden, Aussagen *ableitet,* die in dieser oder jener Art die Rolle der Reduktion des Wellenpakets oder wenigstens eine ähnliche Rolle spielen? Bei einer *bejahenden* Antwort wäre offenbar jede Möglichkeit für einen Konflikt zwischen diesen beiden Modi des zeitlichen Ablaufs von selbst ausgeschlossen. Dies würde auf dem Wege zur Lösung der angetroffenen Schwierigkeiten einen großen Fortschritt bedeuten.

---

[1] Es gibt deterministische Formulierungen der Quantenmechanik (siehe zum Beispiel *Bohm* [15, 16]). Diese Formulierungen, die sich auf verborgene Parameter berufen, reproduzieren zwar die Vorhersagen der Schrödingergleichung exakt, sie führen jedoch nicht, dies ist evident, die Reduktion des Wellenpakets ein. Tatsächlich führen sie nämlich zwischen allen in der Vergangenheit in Wechselwirkung gestandenen Systemen eine starke physikalische Wechselwirkung ein, die augenblicklich und auf große Distanzen hin wirkt. Abgesehen von den wenig befriedigenden Aspekten einer derartigen Hypothese kann man sagen, daß sie von dem von uns eingenommenen Standpunkt aus der vollständigen Untrennbarkeit äquivalent ist, von der früher die Rede war.

Zur Diskussion dieser Frage muß man sich, wenigstens in kurzer Zusammenfassung, die *Bedingungen der mathematischen Möglichkeit* und *die Interpretation* der Reduktion des Wellenpakets *in Ausdrücken der physikalischen Realität* vergegenwärtigen (Prinzip VII aus Kapitel I, erster Teil).

Die Bedingungen der mathematischen Möglichkeit sind offenbar die Folgenden. Es handle sich um N Exemplare eines Systems Σ, die ein statistisches Kollektiv E bilden, das durch einen gewissen Zustandsvektor Ψ (t) beschrieben wird. Unter M wollen wir andererseits ein echtes Gemenge verstehen, das bezüglich der Messung einer gegebenen Größe mit E äquivalent ist. Zum Zeitpunkt t_1, für den wir uns interessieren, muß es für *alle* grundsätzlich beobachtbaren Größen ein M geben, das mit E äquivalent ist (d. h. das zu denselben Mittelwerten führt).

Mit der Interpretation in Ausdrücken der physikalischen Realität verhält es sich so: Betrachten wir die physikalische Realität jedes einzelnen Systems von E und nehmen wir an, daß diese Realität *nicht* in eindeutiger Beziehung zu den durch den Formalismus eingeführten Zustandsvektoren steht (eine Realität ist durch mehrere Zustandsvektoren repräsentierbar). Der zeitliche Verlauf der physikalischen Realität sei darüber hinaus indeterministisch, d. h. daß nicht alle Systeme von E derselben Entwicklung unterliegen. Man darf also sagen, daß, selbst wenn zu einem Zeitpunkt t_0 alle Systeme von E identisch waren, dies zur Zeit t_1 nicht mehr der Fall sein muß. Man kann weiters die Hypothese hinzunehmen, daß ohne äußere Einwirkung gewisse Systeme zum Zeitpunkt t_1 in einem Zustand sind, der gleichzeitig Ψ (t_1) und einem der Zustandsvektoren φ_1 von M entspricht, andere in einem Zustand, der gleichzeitig Ψ (t_1) und φ_2 von M entspricht, usw. Diese und nur diese Interpretation – nennen wir sie mangels einer besseren Bezeichnung „physikalische Reduktion" – gestattet zu sagen, daß sich dieses oder jenes System zum Zeitpunkt t_1 in einem Zustand befindet, der durch φ_1, φ_2 usw. beschrieben wird, ohne daß dies irgendetwas anderem zu verdanken wäre als der internen, jedem der Systeme eigenen Entwicklung. Aber es ist klar, daß diese Interpretation nur dann annehmbar ist, wenn die oben angeführten Bedingungen der Möglichkeit erfüllt sind.

Die Schwierigkeit besteht darin, daß die Bedingungen der Möglichkeit, wie in Kapitel II des ersten Teils gesagt wurde, nie für *alle* physikalichen Größen *exakt* erfüllt sind, die man sich zu einem System gehörig denken kann. Trotzdem ist hier eine wichtige Tatsache anzumerken: Für makroskopische Systeme konnten Experten wenigstens an Beispielen zeigen [46, 105], daß die Bedingungen von allen Größen, von denen in *vernünftiger* Weise eine Messung denkbar ist, *annähernd* erfüllt sind [1]). Man kann sogar abschätzen, daß auf Grund der Komplexität makroskopischer Systeme der relative Unterschied zwischen den Mittelwerten einer Größe (dieser Kategorie), die man einerseits mit Hilfe von Ψ (t) und andererseits mit Hilfe des Gemenges M berechnet, von einer kaum vorstellbaren

[1]) Es handelt sich insbesondere um Größen, bei denen nur Summen über alle Teilchen des Systems auftreten, die sich aber doch auf Merkmale beziehen, die den Teilchen einzeln oder in Paaren oder in kleinen Gruppen zukommen. Für alle Größen, die in der Praxis makroskopischen Messungen zugänglich sind, ist dies natürlich immer der Fall.

Kleinheit ist, daß zu seiner Beobachtung eine Zeit notwendig wäre, die die Dauer des Universums übersteigt. Unter diesen Bedingungen stimmt natürlich die Behauptung, daß ein modifizierter Formalismus, in dessen Axiomen [1] die Reduktion des Wellenpakets nicht mehr aufscheint, sowohl mit den Erfahrungstatsachen als auch mit der Lehre von einer „untrennbaren" Realität verträglich ist.

Es hindert nicht, daß man in diesem Formalismus die obige *physikalische Reduktion* nicht mehr hat. Diese kann selbstverständlich nicht angenähert werden, entweder es gibt sie oder es gibt sie nicht. Wenn sie vorhanden ist, so müssen die oben beschriebenen Bedingungen der Möglichkeit offenbar *exakt* erfüllt sein. Dies trifft aber gerade nicht zu. Wir betonen nochmals, es gibt physikalische Größen – subtiler Art zweifellos, aber das tut nichts zur Sache – für die man bei einer Messung am reinen Fall (unter Verwendung einer Apparatur, die für diesen Zweck geeignet ist) Mittelwerte erhält, die verschieden sind von denen, die eine Statistik von Messungen an den Systemen eines Gemenges M liefern würde. Ebenso wie im Falle des Versuchs von *Stern* und *Gerlach*, der auf Seite 44 beschrieben und auf Seite 51 diskutiert wurde (es gibt zwischen den beiden Situationen keinen grundsätzlichen Unterschied) genügt dies für die Behauptung, daß M offenbar keine Beschreibung für die Menge der Realitäten von Systemen darstellt (und natürlich ebenso wenig jedes andere Gemenge). Übrigens darf man bemerken, daß hier wie dort keine Notwendigkeit für die Annahme besteht, daß diese empfindlichen Messungen wirklich durchgeführt werden, damit die vorangehende Folgerung zwingend ist.

Um dies in seinen konkreten Anwendungen richtig zu verstehen, wenden wir uns wieder einer bereits benutzten Methode zu und wählen ein einfaches Beispiel. Wir verwenden eines, das man in der Praxis sicher nicht realisieren kann, das jedoch nichtsdestoweniger theoretisch [2] vorstellbar ist. Eine Versuchsanordnung nach *Stern* und *Gerlach* in Richtung der z-Achse werde von einer einzigen, in der x-Richtung polarisierten Teilchenart durchlaufen, deren Spin gleich 1/2 sei. Auf der Trajektorie des einen Bündels bringt man einen Zähler an, der, wenn er angesprochen wird, eine Ampulle mit Zyankali öffnet und den Versuchsleiter sofort tötet. Wenn wir uns der Einfachheit halber das ganze übrige Universum im Augenblick wegdenken, so wird das System durch einen Zustandsvektor beschrieben, der eine kohärente Superposition aus dem Produkt der normierten Zustandsvektoren „Spin nach oben" und „Versuchsleiter tot" und dem Produkt der normierten Zustandsvektoren „Spin nach unten" und „Versuchsleiter lebend" darstellt, wobei noch jeder Term mit dem Koeffizienten 1/2 versehen ist. Es ist vollkommen sicher, daß eine Menge E aus einer großen Zahl N von derartigen System von außen betrachtet äquivalent ist einem Gemenge aus N/2 Systemen, in denen der Versuchsleiter tot ist, und N/2 Systemen, in denen er lebt. Um E von einem solchen Gemenge zu unterscheiden, muß man wirklich äußerst subtile Korrelationen messen und N sehr groß machen, was sehr kompliziert durchzuführen ist. Es ist jedoch ebenso wahr, daß gemäß dem von uns untersuchten Formalismus weder die einen Systeme mit tatsächlich totem, noch die anderen mit

---

[1] Siehe *Margenau* [110] und *Everett III* [62].

[2] Vergleiche dazu auch das berühmte Paradoxon von *Schrödinger* [13], das auch unter dem Namen Katzenparadoxon bekannt ist.

tatsächlich lebendem Versuchsleiter gebildet sind. Wäre das so, so würden natürlich alle Korrelationen, die der Zustandsvektor vorhersagt, selbst die subtilsten, auch von dem Gemenge exakt geliefert werden. Wir wissen, daß dies nicht zutrifft. In Wirklichkeit können wir in unserem Beispiel nicht einmal von einem Versuchsleiter sprechen, der „tatsächlich lebend ist, aber eine ganz kleine Chance besitzt, tot zu sein", und wir können auch nicht das Gegenteil behaupten. Es sind die Unterschiede zwischen den Vorhersagen aus dem Zustandsvektor und aus dem Gemenge, die diese Schwäche bilden. Unser Versuchsleiter ist aber in einer Superposition von zwei Zuständen, deren Amplituden vergleichbar sind. Ob er sich selbst für vollkommen lebendig hält oder etwa für lebendig mit hinreichender Näherung, für seinen Teil ist das eine Illusion. Übrigens ist in dieser Theorie jede individuelle Existenz eine Illusion, da die einzige Realität die des Universums ist und somit streng genommen ein untrennbares Ganzes darstellt.

Aus dieser Diskussion folgt, daß ein Formalismus, der die Reduktion des Wellenpakets als Axiom für sich nicht beinhaltet, tatsächlich möglich ist und den experimentellen Gegebenheiten nicht widerspricht. Er zieht jedoch nicht eine „physikalische Reduktion" nach sich. Wenn man also einen derartigen Formalismus adoptiert, so ist die physikalische Realität nicht – auch nicht näherungsweise – eine Realität, die einer der Komponenten des nächstliegenden Gemenges entspricht. Sie bleibt vielmehr eine Superposition von untereinander verschiedenen makroskopischen Zuständen. Wie wir an unserem Beispiel gesehen haben, führt dies zu bemerkenswerten Folgerungen. Man kann sogar sagen, daß diese Betrachtungsweise, die man auf den ersten Blick für „materialistisch" hält, überraschender Weise von den Konzeptionen *Platons* gar nicht so weit entfernt ist. Hier wie dort existiert eine Realität, sei es die Idee des Guten oder die Funktion Ψ des Universums, mit einer zweifachen Charakteristik, nämlich der eines im wesentlichen einzigartigen und im Grunde untrennbaren Seins. Hier wie dort ist das, was uns die Erfahrung davon vermittelt (wie übrigens wir selbst) nur eine sehr unvollkommene Projektion, deren eigene Existenz eine Illusion ist.

Der Haupteinwand, den man gegen diese Philosophie vorbringen kann, ist gerade der, daß sie zu philosophisch ist, daß sie nichts zu einem wissenschaftlichen Fortschritt beitragen kann, mit anderen Worten, daß ihr genau wie dem Idealismus *Platons* und ähnlichen Systemen die wahre Anpassung an die Welt unserer Erfahrungen fehlt [1]). Wir wiederholen aber im Anschluß daran, daß diese Art, die Dinge zu sehen, mit den experimentellen Gegebenheiten der Physik verträglich ist. Sie ist darüber hinaus wahrscheinlich

---

[1]) Dies gilt im Fall einer indeterministischen Beschreibung. Im Fall der deterministischen Beschreibung durch *Bohm* ist die Situation komplizierter. In allgemeiner Sicht begegnet man der Hauptschwierigkeit in der Interpretation von *Bohm* bereits im Zusammenhang mit dem Paradoxon von *Einstein, Podolsky* und *Rosen*. Sie betrifft die Existenz von starken und augenblicklich auf große Distanz wirkenden Wechselwirkungen. Wieder ist diese globale Eigenschaft in Wirklichkeit mit der hier diskutierten Nicht-Trennbarkeit äquivalent.

Die allgemeine Philosophie der unerkennbaren Realität des „Ding an sich" (siehe Kapitel I in diesem Teil), bietet diesem Einwand ganz offensichtlich die Flanke. Im übrigen stellen die Konzeptionen dieses Paragraphen gerade in der Quantenmechanik die bestmögliche Art einer Einkreisung der „Eigenschaften" des „Ding an sich" dar.

die einzige, welche die Idee einer rein physikalischen Realität damit zu vereinen gestattet, daß die grundlegendsten Prinzipien (I und IV aus Kapitel I, erster Teil) der Quantenmechanik absolut wahr sind und nicht nur eine Näherung an eine noch zu schaffende bessere Mechanik bedeuten. Da die Versuche zu einer Formulierung einer derartigen Mechanik weit davon entfernt sind, die Physiker zu befriedigen, auch nicht die, welche mit dem Begriff einer „rein physikalischen" Realität verbunden bleiben, so bequemen sich viele der letzteren tatsächlich zur oben beschriebenen Version. Diese ist sicher trügerisch in mancher Hinsicht, aber sie gestattet wenigstens unter anderem die Rettung der wesentlichen Idee, daß ein reelles Substrat für die Physik existiert, und sie rechtfertigt dadurch die Meinung, daß es in der Natur Gesetze gibt. Die Macht der Gewohnheit hilft mit, daß man sie mangels an Besserem nahezu annehmbar empfinden kann.

4. Strukturierte Systeme und die Messung. Der irreduzible Beobachter

Schon in der vorangehenden Untersuchung konnten wir es nicht vermeiden, Systeme einzuführen und zu betrachten, die mit einem Bewußtsein von den Ereignissen ausgestattet sind, denen sie ausgesetzt sind. Es war sogar hauptsächlich die Betrachtung solcher Systeme, die uns schließlich, hier wie im ersten Teil, in widersprüchliche Situationen gebracht hat. Es ist also ganz natürlich, wenn wir hier, ehe wir die Untersuchung anderer möglicher Theorien weiter verfolgen, eine Bemerkung allgemeiner Art einschalten, die das Phänomen des Bewußtseins betrifft.

Was bei der Untersuchung dieses Gegenstands im ersten Augenblick als das Bedeutsamste erscheint, ist sicher der Umstand, daß das Bewußtsein als solches, ebenso übrigens wie das Leben, in den aktuellen wissenschaftlichen Beschreibungen lebender und mit Bewußtsein ausgestatteter Systeme explizit nicht aufscheint. Unter dieser Bemerkung soll einfach zu verstehen sein, daß bis heute zu keinem reellen Fortschritt in der Untersuchung solcher Systeme die Verwendung von speziellen Begriffen nötig war, die mit diesen Systemen allein verbunden sind. Dies widerspricht offenbar nicht der Behauptung von der objektiven Existenz von Bewußtseinsakten, führt jedoch zumindest teilweise zu deren Identifikation mit einer Struktur der Materie und mit einer unwahrscheinlichen Lösung der Gleichungen, die diese Struktur steuern, im selben Rahmen übrigens wie auch die Lebewesen selbst, die ihre Träger sind. Man kann somit von Gedankenbevölkerungen sprechen, die schließlich ebenso reell sind wie die menschlichen oder tierischen Bevölkerungen [1]. In der Tat sind die einen wie die anderen nur metastabile Gebilde, die nicht eindeutig mit ihrem materiellen Träger verbunden sind. Sie können diesen daher wechseln, sich reproduzieren und Beweise von Aktivitäten aller Art geben.

Dieser erste Aspekt von den Bewußtseinsakten wäre darüber hinaus trügerisch, würde man ihn von unseren Kenntnissen abtrennen. Die wesentliche Rolle der *Form* in der Gegenwartsphysik, die Tatsache, daß ihr letzter Träger (unabhängig von jeder Theorie)

---

1) Siehe „Der mikroskopische Mensch" von *P. Auger* [5].

mehr und mehr entweicht oder zumindest unzugänglich erscheint, all diese neuen Gegebenheiten sind in diesem Zusammenhang in Betracht zu ziehen. Als man früher im Bewußtsein eine komplexe Anordnung von Molekülen sah, dachte man, dadurch dessen Sein auf das der Materie zurückzuführen. Heute erscheint der Begriff der Substanz oder der primären Realität so problematisch, daß selbst die Identifikation des Bewußtseins mit einer Struktur der Materie nichts an dem fundamentalen Charakter ändert, der ihm, so könnte man denken, zukommt.

Dies führt uns sofort zu einer dritten Beobachtung, die, obgleich sie sich auf keine wissenschaftliche Erkenntnis bezieht, nicht weniger wesentlich erscheint, sobald man über dieses Problem nachdenkt. Es handelt sich um die Erkenntnis, daß die *Bewußtseinsinhalte,* die unmittelbare Apperzeption, die Erregung, einerseits unleugbar Realitäten sind, andererseits aber Phänomene, die *in sich selbst* weder durch die Chemie, noch durch die Biologie oder die Physik beschrieben werden [1]. Unter solchen Umständen ergibt sich die Notwendigkeit, die Existenz einer, wir wollen sagen, speziellen „Dimension" der Realität anzuerkennen – worin sich die physikalische Welt spiegelt – selbst wenn man in Übereinstimmung mit der gegenwärtigen Erfahrung verneint, daß umgekehrt die Bewußtseinsinhalte durch sich selbst auf die Objekte zurückwirken.

Schließlich wäre es sicher ein Irrtum, würde man im Bewußtsein einen nebensächlichen Akt der universellen Entwicklung sehen. Diese Bewertung erhielte übrigens erst dann einen Sinn, wenn man Kriterien für die Wichtigkeit eines Aktes angibt. Das kann man jedoch nicht ohne Willkür tun. Ohne Zweifel erscheinen uns die Äußerungen des Bewußtseins schwach und, von einem gewissen Gesichtspunkt aus, lokalisiert. Die Zahl der Atome, die daran beteiligt sind, ist zudem nur ein unendlich kleiner Bruchteil der Gesamtzahl der Atome im Universum. Die ihnen entsprechenden Strukturen sind allem Anschein nach die kompliziertesten, die existieren. Da die Begriffe der Struktur und der Komplexität, wir wiederholen es, in immer steigendem Maße als zentrale Begriffe in allen Beschreibungen der Natur auftreten, ist es gestattet, ihnen jede extreme Bedeutung zuzumessen, die wir wollen.

Die im obigen Abschnitt 3 beschriebene Konzeption des Universums, die dieses als eine untrennbare Realität darstellt, ist allein nicht annehmbar. Aber schon die Fremdartigkeit ihrer Folgerungen, um nicht mehr zu sagen, legt uns den folgenden Gedanken nahe: Vielleicht hat man diese Fremdartigkeit als Hinweis dafür zu nehmen, daß irgendwo ein Tatbestand unberücksichtigt blieb.

Wir haben eine Betrachtungsweise vorgeschlagen, die vielleicht weniger Tradition besitzt als die vorhergehende, die aber bekräftigt, daß wirklich ein Tatbestand unberücksichtigt blieb, nämlich nichts anders als das Bewußtsein, oder wenn man so sagen will,

---

[1] Das folgende Argument verdient, daß man es in Erinnerung ruft: Man kann sicher annehmen, daß elektronische Regler wie wir ein Gefühl für ihre Arbeit besitzen, daß sie stolz auf ihre Schnelligkeit sind usw. Aber kann man auch annehmen, daß es sich nicht so verhält? Es handelt sich hier um zwei *offensichtlich verschiedene* Möglichkeiten, obwohl man sie durch ein Experiment nicht zu trennen vermag. Das ist ein Grund für die Behauptung, daß die Empfindung nicht auf das Verhalten zurückführbar ist. Zu dieser Frage kehren wir ein wenig später zurück.

die Perzeption. Diese Konzeption kann beim gegenwärtigen Stand unseres Wissens nur eine kühne Extrapolation sein. Aber trotz dieser Einsicht wird sie von einer beachtlichen Zahl von Physikern als interessante Hypothese betrachtet. Wir können an dieser Stelle nichts besseres tun, als die Hauptgesichtspunkte der bestechenden Darstellung aufzunehmen, die *E. Wigner* davon gegeben hat [151].

Dieser Autor verwirft kategorisch die Folgerung, zu der uns die Theorie aus Abschnitt 3 geführt hat. Für ihn wie für *Descartes* [50], *Schrödinger* [135] usw. (wir wollen hier nur einige der bemerkenswertesten Wissenschaftler nennen) gibt es keinen Zweifel darüber, daß die wesentlichste Gegebenheit, die einzige Realität, deren wir uns sicher sind, die unmittelbare Apperzeption ist. Das Bewußtsein darf daher nicht verleugnet werden, während es dagegen logisch möglich ist, die äußere Welt wegzuleugnen, obwohl dies natürlich Schwierigkeiten mit sich bringt. Wenn es unter diesen Umständen eine Erfahrungstatsache gibt, die eine Beschreibung unserer Erfahrung vor allen anderen zu berücksichtigen hat, so ist es wohl die Menge der Gewißheiten, die wir bezüglich unserer Gedanken und unserer Sinnesempfindungen haben, zum Beispiel die Gewißheit, die ein Beobachter hat, daß er den Eindruck besitzt, ein Signal zu sehen. Sobald „ich das Gefühl habe, ein Signal zu sehen", bin ich ganz im entsprechenden Zustand oder in den entsprechenden Zuständen und darf doch behaupten, daß ich mich nicht in einer quantenhaften Superposition der Zustände „das Gefühl haben, das Signal zu sehen" und „das Signal nicht zu sehen" bin. Die Beschreibung in Abschnitt 3 ist unverträglich mit dieser Art von Gewißheiten und muß daher verworfen werden.

Man könnte unter diesen Umständen an die Adoption einer solipsistischen Beschreibung denken. Die Reduktion des Wellenpakets existiert wohl, aber sie vollzieht sich nur, wenn das Phänomen *mein* Bewußtsein anspricht, das sich außerhalb der Welt befindet. Alle anderen Personen dürfen als rein physikalische Systeme betrachtet werden. *Wigner* bemerkt tatsächlich, daß im Rahmen einer als streng wahr vorausgesetzten Quantenmechanik die solipsistische Beschreibung zulässig ist, im Gegensatz zu einer von ihm als „materialistisch" bezeichneten Beschreibung, auf die das nicht zutrifft. Weder er noch irgendein anderer denkt jedoch im Ernst daran, eine so radikal egozentrische These wie diese zu verteidigen. Wir wiederholen, daß gegenwärtig die Meinung vorherrscht, daß das Bewußtsein eng mit einer Struktur von Organismen verbunden ist, wenn gewisse physikochemische Bedingungen erfüllt sind. Übernimmt man diese Meinung, so bleibt also die Frage: Wie überwindet man in der Quantenmechanik die solipsistische Beschreibung?

Um dahin zu gelangen ist vorerst eine detaillierte Untersuchung der Beschreibungen in der Quantenmechanik zweckmäßig, ob diese nun solipsistisch sind oder nicht. Zu diesem Zweck betrachten wir die Wechselwirkung der drei Entitäten U, V und W. U sei hier das zu untersuchende Quantensystem. Es werde durch die Zustandsvektoren $|u_i>$ beschrieben. W sei mein Bewußtsein, es beschränke sich darauf, mit Gewißheit seine Eigenzustände zu registrieren. Nach allem, was wir oben darüber gesagt haben, muß W außerhalb aller physikalischen Systeme angenommen werden. Man darf ihm daher keinen Zustandsvektor [1]) zuordnen. Was V betrifft, so handle es sich dabei um ein Meßinstrument, das dazu bestimmt ist, an U die Größe γ zu messen, deren Operator die $|u_i>$ als Eigenvektoren besitzt, oder auch nur um einen Arbeitskollegen, dem dieselbe Aufgabe zugeteilt ist. Zur Vereinfachung darf man voraussetzen, daß γ nur zwei Werte (i = 1 oder 2) annehmen kann. Zur Fixierung der Vorstellungen setzen wir darüber hinaus fest, daß V entweder ein Auge oder eine photoelektrische Zelle enthält, so daß ein Signal „gesehen" oder „nicht gesehen" werden kann.

Wir betrachten vorerst das System U + V, bevor W davon Kenntnis nimmt. Wenn der Zustandsvektor von U vor der Wechselwirkung mit V $|u_i>$ ist, wird nach der Wechselwirkung der Zustand des Systems U + V durch $|u_i>|v_i>$ beschrieben. Unter diesen Bedingungen folgt aus der Linearität der Bewegungsgleichungen der Quantenmechanik (zeitabhängige Schrödingergleichung), daß sich, wenn der Zustandsvektor von U vor der Wechselwirkung $\Sigma_i\, \alpha_i |u_i>$ ist, das System U + V nach der Wechselwirkung in einem Zustand befindet, der durch $\Sigma_i\, \alpha_i |u_i>|v_i>$ beschrieben wird.

Wenn nun W in Aktion tritt und an V das Resultat der Messung zur Kenntnis nimmt (oder V befragt, was er gesehen haben, wenn V kein Instrument,sondern ein „Arbeitskollege" ist), so wird er auf die Frage: „Ist ein Signal registriert worden? " (diesem Ergebnis lassen wir etwa $|v_1>$ entsprechen) die Antwort „ja" mit der Wahrscheinlichkeit $|\alpha_1|^2$ und die Antwort „nein" mit der Wahrscheinlichkeit $|\alpha_2|^2$ erhalten. Wenn im ersten Fall W sich direkt vom Zustand von U überzeugt, so wird er stets tatsächlich den Zustand $|u_1>$ finden, im zweiten Fall dagegen stets den Zustand $|u_2>$. Aus diesem Grund sagt man, daß die Intervention von W *am System U + V* eine „Reduktion des Wellenpakets" bewirke. Zumindest in der solipsistischen Beschreibung ist diese Behauptung allgemein: Sie gilt ebenso für den Fall, wo V ein „Arbeitskollege" ist, wie für den Fall, wo V ein Instrument darstellt. Es gibt eine Reduktion des Wellenpakets, d. h. einen Übergang in einen bestimmten Zustand $|u_1>|v_1>$ erst *nach* der Intervention von W.

Bis jetzt ist jede Beschreibung befriedigend, welche Annahmen für V auch getroffen werden. Man muß jedoch beachten, daß für den Fall, daß wir den Solipsismus zurückweisen und dagegen den Prinzipien eine universelle Gültigkeit bewahren wollen, dann eine Schwierigkeit bezüglich der internen Kohärenz erscheint, wenn V ein „Arbeitskollege" ist und kein Instrument, d. h. wenn V mit einem Bewußtsein ausgestattet ist, das in derselben Weise zu behandeln ist wie W. Nehmen wir in der Tat an, daß nach Beendigung des Versuches W an V die Frage stellt: „Was hast du bezüglich des Signals empfunden, *ehe* ich dich danach gefragt habe? " V wird antworten: „Ich habe es bereits gesagt, ich habe ein Signal gesehen" (oder „ich habe keines gesehen", wenn dies zutrifft). Mit anderen Worten,

[1]) Betrachten wir einfacher U und W allein. Wenn man W die gewöhnlichen Eigenschaften eines Instruments zuschreibt, das an U die physikalische Größe der Eigenvektoren $|u_i>$ mißt, so kommt man zur Aussage: Wenn der Zustandsvektor von V vor der Messung $|u_i>$ ist, so ist der Zustand von U + W nach der Messung $|u_i>|w_i>$. Wenn der Zustand von U vor der Messung $\Sigma\, \alpha_i |u_i>$ ist, so ist der Zustand von U + W nach der Messung $\Sigma_i\, \alpha_i |u_i>|w_i>$, d. h. daß W nicht in einem definierten Zustand $|w_i>$ ist. Wenn W mein Bewußtsein ist, so steht dies im Widerspruch zu den Konzeptionen dieses Kapitels. Man darf also W keinen Zustandsvektor zuschreiben und muß W außerhalb jedes Systems annehmen.

die Frage, ob er ein Signal erblickt hat oder nicht, war bereits entschieden, ehe ihn W danach zum ersten Mal fragte" [1]). Das bedeutet also, daß bereits vor der Intervention von W. V entweder im Zustand $|u_1>$ oder im Zustand $|u_2>$ ist, oder daß daher U + V entweder im Zustand $|u_1>|v_1>$ oder im Zustand $|u_2>|v_2>$ ist, sicher aber nicht im Zustand $\Sigma \alpha_i |u_i>|v_i>$.

Diese Folgerung ist anscheinend unverträglich mit der, die man notwendigerweise erhält, wenn V ein Instrument [2]) ist, außer man übernimmt die Auffassung, daß die beiden Fälle, wo V ein Instrument ist oder wo V ein Bewußtsein besitzt, tatsächlich qualitativ verschieden sind. Dies ist die Lösung des Problems, die in der zitierten Arbeit schließlich vorgeschlagen wird. Sie bedeutet mit anderen Worten, daß die Gesetze der Physik, so wie wir sie gegenwärtig kennen (Linearität der Bewegungsgleichungen) durch Systeme verletzt werden, bei denen das Bewußtsein eine Rolle spielt, oder wenn man dies vorzieht, daß die Wechselwirkung zwischen physikalischer Welt und Bewußtsein nicht nur in einer Richtung erfolgt, wie man bisher geglaubt hat, sondern daß darin auch eine Rückwirkung des Bewußtseins auf die umgebende Realität enthalten ist.

Es ist natürlich sehr schwer, den Wert einer derartigen Konzeption abzuschätzen. Die größte Unsicherheit, die sie enthält, rührt daher, daß die Herleitung, auf die sie sich stützt, ganz auf der strengen Gültigkeit der Prinzipien der Quantenmechanik beruht, und zwar in allem, was die unbelebte Welt betrifft. Man muß doch zugeben, daß unsere in der Vergangenheit erworbene Erfahrung von der vergänglichen Gültigkeit der Theorien diese Hypothese nicht rechtfertigt. In der Tat wurde eine Modifikation der Quantenmechanik vorgeschlagen, die nur gewisse Systeme direkt betrifft (die belebten und mit Bewußtsein ausgestatteten). Es gibt in dieser Richtung radikale Versuche. Gewisse [105] davon zum Beispiel setzen die Existenz sehr leichter Modifikationen der Gleichungen voraus und verlangen davon, daß die Auswirkungen nur in dem Fall merkbar sind, wenn die Zahl der das System bildenden Teile mit der Avogadroschen Zahl vergleichbar wird. Alle diese Theorien verdienen großes Interesse. Die Schwierigkeiten, in denen sie noch stecken, sind jedoch beträchtlich und die Aussichten auf eine Verifizierung durch Experimente leider wenig ermutigend.

Um wieder zu der Konzeption zurückzukommen, die den Gegenstand dieses Abschnitts bildet, es ist nicht einzusehen, was man von seiten der Physik dagegen einwenden könnte [3]). Sie beinhaltet nicht, das sei nochmals erwähnt, daß das Bewußtsein „exi-

---

1) *E. Wigner*, loc. cit.

2) Siehe erster Teil, Kapitel II.

3) Man bringt manchmal als Einwand vor, daß dann, wenn der Beobachter von U aus einem physikalischen Teil V und einem Bewußtsein W besteht, nach dem Vorausgehenden das System U + V zu betrachten ist und daß man nicht weiß, wo die Grenze zwischen V und W zu ziehen ist. Die Antwort darauf ist doppelter Natur. Einerseits besteht nach dem, was bereits gesagt wurde, W offenbar aus dem einzigen nicht-physikalischen Teil des Beobachters. Dieser Umstand läßt keine Zweideutigkeiten zu. Andererseits ist die Reduktion des Wellenpakets effektiv vollzogen, sobald W mit V in Wechselwirkung steht, und die Menge wird ein echtes Gemenge. Man dürfte hier nur die Erfahrungen entgegensetzen, die ein anderes Bewußtsein X an U + V erwerben könnte und die im Widerspruch zur Beschreibung als Gemenge stünden (siehe erster Teil, Kapitel I), da U und V nicht isoliert,sondern an W gekoppelt sind.

stiert" – denn das ist (soweit das Wort einen präzisen Sinn besitzt) in jeder Hinsicht eine Erfahrung – sie beinhaltet vielmehr, daß dieses auf die physikalische Realität eine Wirkung ausübt. Dies ist alles in allem befriedigend, denn man kannte bisher keine Wirkung ohne Gegenwirkung. Die Tatsache, daß diese äußerst schwer beobachtbare Wirkung bisher noch nicht entdeckt worden ist, beweist offenbar nichts, wie an Hand mancher historischer Beispiele leicht zu zeigen wäre.

Die Theorie impliziert, daß es überall, wo kein Bewußtsein vorhanden ist, auch keine „in Gedanken trennbare" Realität gibt. Die unbeobachteten Welten bleiben hier wie in Abschnitt 3 ohne Beziehung zu unseren gewöhnlichen Begriffen. Sofern man nicht auf einer dem klassischen Realismus nahestehenden Beschreibung besteht, schafft dies keine ernstlichen Schwierigkeiten.

Es sei nochmals erwähnt: die Hypothese ist gewagt. Neben ihren verführerischen Aspekten kann man bemerken, daß sie eine Art die Dinge zu sehen bietet, die schließlich den üblichen Formalismus der Quantenmechanik und unsere unmittelbare Erfahrung aufs engste verbindet. Die Theorie der Messung bringt dabei keinerlei Schwierigkeiten. Der Begriff der Realität läßt sich ihr leicht unterordnen. Die Bedeutungen der verschiedenen Prinzipien werden klar und die reellen Zustände der Systeme sind gerade die, welche die von den Beobachtungen abgeleiteten Zustandsvektoren beschrieben. Der Standpunkt *von Neumanns* [114] kann hier weitgehend angenähert werden, obwohl er sich weniger explizit darbietet.

Manche Gelehrte sehen in den Konzeptionen dieses Abschnitts eine Geisteshaltung, die a priori im Gegensatz zu den Normen des wissenschaftlichen Denkens steht und daher für die Forschung schädlich ist. Die Objektivität zwingt zur Feststellung, daß dies allem Anschein nach nur ein Vorurteil ist.

Schlußfolgerung

Die wissenschaftliche Wahrheit findet gewöhnlich erst dann Verbreitung, wenn sie aufgehört hat, wahr zu sein.
Jean Rostand. Gedanken eines Biologen

Newton, der schon in seiner Jugend eine physikalische Wissenschaft aufgebaut hat, kam über seine eigenen Arbeiten zu einem berühmt gewordenen Urteil: „Ich weiß nicht, als was ich der Welt erscheinen mag", schrieb er, „ich selbst komme mir jedenfalls vor, als ob ich nur ein kleiner Junge wäre, der am Strand spielt und sich darüber freut, wenn er von Zeit zu Zeit einen glänzenderen Kieselstein oder eine schönere Muschel findet als gewöhnlich, solange sich der ungeheure Ozean der Wahrheit vor mir noch vollkommen erstreckt". Welch fundamentale Entdeckungen auch noch zu machen bleiben, ein Physiker von heute könnte, was die Phänomene betrifft, nicht mehr eine derartige Sprache gebrauchen. Oder wenn er es täte, so wirkte die Bescheidenheit sich selbst gegenüber ein wenig gezwungen. Man kann mit anderen Worten nicht leugnen, daß die aktuelle Physik eine in alle Einzelheiten gehende, kohärente und sehr umfassende Kenntnis der Phänomene der Natur und der Möglichkeiten zu deren Reproduktion vermittelt. Wie man gesehen hat, bleibt es jedoch trotz all diesem Wissen wahr, daß man wie zur Zeit *Newtons,* sobald man die Analyse der primären Prinzipien weit genug getrieben hat, sicher empfindlich wird für die Schwierigkeiten, diese zu verstehen.

Unter all diesen Lücken gilt eine Tatsache als sicher: Die Darstellungen der Welt, welche die gegenwärtige Physik erlaubt, haben nur wenig Beziehungen zu denen, welche die exakten Wissenschaften des vergangenen Jahrhunderts als natürlich betrachtet haben. Bei der Vertiefung ihrer Grundlagen haben diese Darstellungen die Wissenschaft nicht mehr begleitet, im Gegenteil, sie hat unvorhergesehene und tiefgehende Begriffe entdeckt. Dies ist eine sehr bedeutsame Tatsache. Sie umfaßt eine echte Erneuerung der Perspektiven. Man kann in der Tat den aktuellen geistigen Inhalt der Forschung schwer erfassen, wenn man dies nicht in Rechnung zieht. Wie wir bereits erklärt haben, ist es die mechanistische Beschreibung des Universums, die zuerst gewichen ist. Diese Theorie stellte die Welt als riesige Wanduhr dar, deren Einzelteile für sich die Grundsubstanzen bildeten. Diese waren durch Kräfte untereinander verbunden, die nur Eigenschaften der Materie darstellten, die diesen Grundsubstanzen zukam. In Wahrheit war ein derartig vereinfachtes Bild nie imstande, wirklich alle bekannten Tatsachen zu vereinen. Schon das Feld der klassischen Strahlung wurde davon zum Großteil nicht erfaßt. Die mechanistische Beschreibung hatte jedoch lange Zeit große Verführungskraft und sehr viel Popularität. Dies ist vielleicht der Grund dafür, daß man sie heute noch antrifft, zurückgezogen in das Unterbewußtsein vieler technischer und wissenschaftlicher Kreise unserer Epoche. In gewissem Maße hat schon die Relativitätstheorie, hauptsächlich aber dann die Quantenmechanik mit dieser Vorstellung aufgeräumt und der mechanistischen Beschreibung den

Todesstoß versetzt. Wir wissen seither – und das wird in informierten Kreisen von niemandem angezweifelt – daß alle Beschreibungen der physikalischen Realität unvollkommen sind, die diese auf letzte Begriffe analog zu denen zurückführen möchte, die in Richtung menschlicher Größenordnungen zielen: Trajektorien, lokalisierte und ausgedehnte Objekte, Kräfte, Zeitabschnitte usw.

Würde sich die Revolution, welche die Quantenphysik in unseren Konzeptionen ausgelöst hat, nur darauf beschränken, so wäre dies schon von großer Bedeutung. Aber dies ist nicht der Fall. Eines der Ziele des vorgelegten Werkes ist gerade gewesen, die Aufmerksamkeit auf die Schwierigkeiten zu lenken, die der Begriff einer objektiven Realität physikalischer Systeme selbst aufwirft, und zwar unabhängig von den Attributen, die man dieser Realität zuschreibt, und somit unabhängig davon, wie man sie sich vorstellt. Wir haben bereits gesagt, daß diese Schwierigkeiten speziell für die Quantenmechanik vorhanden sind. Die zahlreichen Annäherungen, die man zwischen den Methoden und Begriffen der Quantenmechanik und der klassischen Mechanik finden kann, vermindern nicht im geringsten die Bedeutung dieses Unterschieds.

Darüber hinaus ist die Vision von der Welt, welche die Physik unseres Jahrhunderts zu zeichnen scheint, nicht eindeutig. Man kann sagen, wie man gesehen hat, daß *Pythagoras* schließlich Recht hatte, wenn er nur Gleichungen und Formeln gelten ließ und in den Zahlen allein das Sein der Dinge erkannte. Bewußt oder unbewußt nehmen viele theoretischen Physiker ganz natürlich diese Haltung ein. Weit davon entfernt, zu hohlen Träumereien zu führen, scheint sie den Ertrag ihrer Anstrengungen zu verbessern. Eine andere mögliche Hypothese ist die Annahme der Idee einer letzten unerkennbaren Realität, die ebenfalls grundsätzlich untrennbar ist, deren Zustandsvektor das gesamte Universum beschreibt, die alle Alternativen in einer einzigen Existenz vereint (keine „Reduktion des Wellenpakets") und uns gleichzeitig lebend wie nicht-lebend erblickt. Zu einer Beschreibung dieser Art, in der nichts wirklich in einem der Quantenzustände ist, welche die Physik anzugeben weiß, muß sich der „Unirealist" mehr oder weniger bekehren, wenn er eine wesentliche und gegenwärtig wenig gerechtfertigte Änderung der Quantenmechanik ablehnt. Obwohl auf den ersten Blick fremdartig und für den Fortschritt in der Forschung ungeeignet, stellt diese Konzeption im Ganzen doch eine annehmbare Metaphysik dar und eine ziemlich große Zahl von Physikern hält sie für wahr. Wenn man schließlich diese Ideen zurückweist, so kann man wie viele der hervorragendsten Physiker unserer Epoche glauben, daß man in der Betrachtung der Wissenschaft, nachdem man während mehrerer Dekaden den Geist auf die Materie zurückzuführen dachte, nahe daran ist, in ihm wieder die einzige Realität zu sehen. Man kommt so zur Berücksichtigung einer für die Realität aufgeschlossenen Konzeption, die in Wahrheit dem Dualismus verwandt ist und die in gewisser Hinsicht besser als der vorhergehende Gesichtspunkt eine Beschreibung der Natur gestattet, die sich mehr auf die Erfahrung als auf a priori-Prinzipien stützt. Im Zusammenhang mit dieser Betrachtungsweise muß man beachten, daß diese (im Gegensatz zur postivistischen) erlaubt, der von uns beobachteten physikalischen Realität eine echte Bedeutung zukommen zu lassen. Es wäre demnach vollkommen falsch, würde man sie als eine Rückkehr zu einem gewissen vom Platonismus beseelten Spiritualismus darstellen. Im Gegensatz dazu handelt es sich um eine Philosophie, die grundsätzlich die

„Materialität“ der Dinge so weit als möglich retten will, und auf diesem Wege auch eine einfache Konzeption von der Objektivität und des Gesetzes. Sicher spielt der Geist dabei eine Rolle. Aber diese Rolle liegt nicht in der Verneinung des physikalischen Seins. Im Gegenteil, es gilt dieses der erkennbaren und berührbaren Realität anzunähern und es aus dem unzugänglichen Bereich des „Ding an sich“ heraustreten zu lassen.

Die Wissenschaft von heute bietet kein Mittel, unter diesen drei Möglichkeiten und ihren Varianten eine Wahl zu treffen. Wenn man gewisse wesentliche Modifikationen des Formalismus als möglich erachtet, wird der Fächer der annehmbaren Philosophien offenbar noch weiter. Aber selbst wenn man von dieser Möglichkeit absieht, so erkennt man, daß es uns gegenwärtig wahrhaft frei steht, welche Einstellung den Grundproblemen gegenüber wir wählen.

Darf man dieses Ergebnis verallgemeinern? Darf man sagen, daß zur Stunde jede Naturphilosophie mit unserem wissenschaftlichen Ballast verträglich ist? Selbstverständlich ist das nicht so. Ohne alle möglichen Irrtümer aufzuzählen, was überflüssig und undurchführbar wäre, kann man wenigstens bemerken, daß viele Positionen, nämlich sowohl die ungeschickt „spiritualistische“, als auch die naiv „materialistische“, die Erben des vergangenen Jahrhunderts, vollkommen abzulehnen sind. In dieser Hinsicht läßt sich nie genug betonen, wie notwendig es für uns alle ist, von der faulen Gewohnheit abzulassen, die wissenschaftliche Wahrheit in alten Texten zu suchen. „Zweifelst du etwa daran“, hat schon *Galilei* gefragt, „daß *Aristoteles* seine Meinung geändert und seine Bücher korrigiert hätte, wenn er die neuen Entdeckungen der Astronomie gekannt hätte? “ Diese Frage ist sehr treffend gestellt. Sie bezieht sich aber nicht nur auf *Aristoteles*. Sie darf im Zusammenhang mit allen andern Autoren gestellt werden, die, wie genial sie auch sein mochten, doch nur die wissenschaftlichen Kenntnisse ihrer Epoche besaßen. Sie ist somit ebenso auf *Thomas von Aquin* wie auf *Lenin* anwendbar. Das Sakrileg ist nur scheinbar.

Was die Weiterentwicklung der Meinungen und Theorien betrifft, die wir hier aufgezählt haben, so versuchen wir nicht, Vorhersagen zu treffen. Verharrt die Physik auf ihrem Kurs zu einem immer radikaleren Positivismus, der manchmal bereits dazu neigt, die Gültigkeit des Begriffs eines Naturgesetzes zu leugnen? Oder wird sie im Gegensatz dazu viel mehr als bisher die Erforschung der wesentlichsten Gesetze unter dem Gesichtspunkt mathematischer Harmonien betrieben? Gelangt sie eines Tages im Rahmen eines brauchbaren Formalismus zum Verständnis dessen, was an Bedeutsamem und Ursprünglichem zu existieren scheint? Was wird man über das Verhalten äußerst komplexer Systeme, die nicht im Gleichgewicht stehen und die bis auf molekularer Ebene strukturiert sind, Grundsätzliches sagen können? Bei diesen und vielen anderen Problemen kommt man selbstverständlich bisher über eine reine Formulierung nicht hinaus.

Oft glaubt man, besonders in Kreisen, die sich nicht mit diesen Untersuchungen befassen, die Wissenschaft würde nur eine einzige Version von der Welt tolerieren, oder wenigstens nur diese unterstützen. Nichts kann indessen gefährlicher sein als ein solcher Gedanke. Im Unterbewußtsein des Kollektivs der neuen westlichen Gesellschaften neigt diese Meinung zur Schaffung von Familien intellektueller Art, die entweder „pro“- oder „anti“-wissenschaftlich eingestellt sind und die entweder voneinander nichts wissen oder sich feindlich gegenüberstehen. Die „pro", d. h. also wir, bestehen in der Mehrzahl aus Fachleuten, die damit zufrieden sind, Fachleute zu sein. Als nur auf das Problem ausgerichtete Forscher, als große oder kleine Techniker, denen das Wissen genügt, wie man mit Kräften, Strahlen und Atomen spielt, könnte man uns allen vorwerfen, daß wir die Ruhe genießen, die jenen eigen ist, die taub für beschwerlichere Fragen sind. Auch sollte es uns nicht überraschen, wenn man uns eines Tages sagt, daß unsere fieberhaften geistigen Aktivitäten, die an und für sich wesentlich und fruchtbringend sind, uns trotz allem ein wenig das weiche Kopfkissen der klaren und zu einfachen Sicherheiten mißbrauchen lassen, das schon *Montaigne* verschmäht hat.

Was die Kohorte der „anti" betrifft, so scheint sie gegenwärtig noch im Wachstum begriffen zu sein. Einige ihrer Anhänger verwechseln die Wissenschaft mit der Technik und die Technik mit der manchmal recht beschwerlichen Anwendung, die davon erfolgt. Andere sehen in der Wissenschaft nur eine Art Religion des Einzelnen und denken, daß diese in Wahrheit nur eine Abdankung bedeutet und für den Menschen untragbar sein sollte, dessen Intellegenz sie beschränkt. Man findet schließlich auch solche – und oft sind es dieselben – die glauben, die Wissenschaft verbinde sich nur mit einer bestimmten Konzeption von der Welt, die nüchtern und unantastbar ist und die in ihrem Instinkt jenen zu plumpen Ariadnefaden freilegt. Mit anderen Worten, die bunte Versammlung der Wissenschaftsgegner hat sich durch eine halb-bewußte und im Grunde heilsame Rückstrahlung der Opposition gegen den Konformismus, den Dogmatismus und die Langeweile formiert.

Für alle möchten wir gerne die Tatsache kurz erläutern, daß die Wissenschaft, die sich in unserem Jahrhundert entwickelt, in ihren fundamentalsten Bereichen gerade das Gegenteil vom Dogmatismus ist. Weit davon entfernt, a priori einen Gesichtspunkt vorauszusetzen, welcher der einzige vernünftige sein sollte, findet sie (so könnte man glauben) wie ein Schelm Gefallen daran, das umzustülpen, was bisher banal und evident war. Statt dessen liefert sie aber keineswegs eine eindeutige Art, die Welt und unsere Rolle in ihr zu betrachten. Dennoch ist das, was sie uns vermittelt, kostbar und bewertet von weitem alle philosophischen Systeme. Sie liefert uns eine Möglichkeit für die Erfassung von Phänomenen, gestattet uns, diese zu beschreiben, zusammenzufassen und wieder neue zu finden. Sie gibt uns auch, und das ist wesentlich, Kenntnis von den Grenzen und auch von den Möglichkeiten unseres Verstandes, worüber wir ohne sie nichts erfahren könnten. Ohne Zweifel ist es auch hier die Physik der Gegenwart, die den größten Beitrag zum allgemeinen gedanklichen Erbgut geboten hat. Zuerst die Relativitätstheorie und dann die Quantenmechanik haben die Menschen gelehrt, daß selbst die allem Anschein nach evidentesten Begriffe, die anzuzweifeln a priori niemand wagen würde, ganz einfach jeden Sinn entbehren können. Wir wissen auch, daß selbst die elementaren Begriffe, die nahezu die reine Logik zu reflektieren scheinen, in Wahrheit nur Rückstände sehr naheliegender Erfahrungen des täglichen Lebens in unserem Geist sein können, die weder einen zwingenden Rahmen für ein Urteil über Gegebenes bedeuten noch die Wirklichkeit selbst offenbaren. Diese jüngste Erkenntnis dürfte einen Umsturz zur Folge haben und doppelte Vorsicht in der philosophischen Argumentation verlangen. Als Ersatz, der die Reserven wieder füllt, hat die Physik des zwanzigsten Jahrhunderts eine weitere Tatsache aufgedeckt, die ohne sie verborgen geblieben wäre: Die Theorie der Atome hat tatsächlich geoffenbart, daß der Verstand fähig ist, über die gewöhnliche Sprache hinauszugehen, daß er Bilder, Beschreibungen und Modelle verachten und dort, wo alle diese Methoden ihre Grenzen finden, eine Darstellung der Phänomene auf einem rein mathematischen Symbolismus gründen kann, der diese Phänomene vorherzusagen gestattet. Was fangen wir mit dieser neuen und etwas verwirrenden Tatsache an? Noch ignorieren wir sie. Aber sie existiert und zeigt, daß der Verstand ein Werkzeug ist, dessen Möglichkeiten und Perspektiven noch weit reichhaltiger sind, als seine Verehrer in vergangenen Zeiten geglaubt haben. Dieser Tatsache wird jede ehrliche Philosophie der Zukunft ohne Zweifel Rechnung tragen müssen.

Anhang

Makroskopische Systeme und die Reduktion des Wellenpakets [1]

Wir greifen nochmals den Versuch von *Stern* und *Gerlach* auf, der in Kapitel II des ersten Teils diskutiert wurde (Bild 1, S. 44). Zusätzlich nehmen wir an, daß in der Bahn eines der beiden Bündel ein Zähler A angebracht ist. A betätigt die Nadel einer Skala, und zwar nimmt diese die Positionen $D = D_+$ ein, wenn der Zähler ausgelöst wird ($\sigma_z = + 1/2$), und $D = D_-$, wenn dies nicht der Fall ist ($\sigma_z = - 1/2$). Nehmen wir nun an, daß der Versuch mit Elektronen ausgeführt wird, die längs der x-Achse polarisiert sind. Mit Rücksicht dessen, daß es praktisch unmöglich ist, die Mehrzahl der Größen bezüglich A zu messen (Korrelationen zwischen einzelnen Atomen), stellen wir uns die folgenden Fragen.

1. Darf man ohne Widerspruch zu den Prinzipien der Quantenmechanik behaupten, daß die Größe D nach der Wechselwirkung (aber bevor wir unsere Beobachtungen anstellten) bereits den Wert D_+ (mit der Wahrscheinlichkeit 1/2) oder den Wert D_- (mit der Wahrscheinlichkeit 1/2) angenommen hat? Die Antwort auf diese Frage ist negativ. Konstruieren wir in Gedanken eine Menge E von N Systemen, die mit dem vorigen identisch sind, und konstruieren wir andererseits eine Menge E' (ein echtes Gemenge) aus N/2 Systemen mit $D = D_+$ und $\sigma_z = 1/2$ und N/2 Systemen mit $D = D_-$ und $\sigma_z = - 1/2$. Wenn die Antwort *positiv* wäre, so müßten die Vorhersagen aus E und E' offenbar (für beliebige Größen) *genau* dieselben sein, da die physikalischen Realitäten von E und E' nach Hypothese identisch sind. Dies ist aber nicht der Fall.

2. Darf man wenigstens behaupten, daß es in der Menge E N/2 Systeme gibt, „die sehr wahrscheinlich den Wert $D = D_+$ und mit sehr geringer Wahrscheinlichkeit den Wert $D = D_-$ besitzen", während die weiteren N/2 Systeme die entgegengesetzte Eigenschaft besitzen? Wenn man zur Vereinfachung annimmt [2], daß man A durch einen Zustandsvektor $|\varphi>$ darstellen kann, so würde dies heißen, daß E ebenso gut durch

$$2^{-1/2}(|\varphi_+>|v_+>|\varphi_->|v_->)$$

wie durch das Gemenge

$$(I+|\epsilon|^2)^{-1/2}(|\varphi_+>|v_+ + \epsilon|\varphi_->|v_->) \text{ mit der Wahrscheinlichkeit } 1/2$$

$$(I+|\epsilon|^2)^{-1/2}(\epsilon \exp(i\,\delta)|\varphi_+>|v_+> + |\varphi_->|v_->)$$

mit der Wahrscheinlichkeit 1/2

beschrieben wird, wobei δ beliebig und ϵ sehr klein ist. Der Grundgedanke dieser Aussage ist offenbar der, daß man nichtmakroskopische Größen als *grundsätzlich* unbeobachtbar betrachtet.

---

[1] Siehe Seite 56 und Seite 82

[2] Einschränkungen dieser Art erweisen sich als nicht wesentlich. Siehe erster Teil, Kapitel I, Abschnitt 6.

Die Schwierigkeit liegt darin, daß man zwischen „mikroskopischen" und „makroskopischen" Systemen eine stetige Folge von Systemen aller Kompliziertheitsgrade ersinnen kann. Vermindern wir nun die Anzahl M der Atome jedes Systems. Die Bedingungen der Ergodizität werden dadurch weniger gut erfüllt. Wenn M hinreichend klein ist, so wissen wir unter der Voraussetzung der strengen Gültigkeit der Quantenmechanik mit Sicherheit (siehe erster Teil), daß der reine Fall keinem echten Gemenge äquivalent ist, d. h. daß $\delta = 0$ und $\epsilon = 1$ gelten muß. Sobald also M von der Größenordnung „der Anzahl der Atome in einem mikroskopischen System" ist (sofern dieser Ausdruck einen Sinn hat), ist ϵ exakt gleich 1. Für größere M mußten wir im Gegensatz dazu gerade fordern, daß $\epsilon \ll 1$ sei. Es existiert also bei dieser Anschauung von den Dingen eine Unstetigkeit in irgendeiner n-ten Ableitung von ϵ, d. h. also eine kritische Kompliziertheit, die man durch eine Zahl $M = M_0$ charakterisieren könnte (oder allgemeiner durch eine Hyperfläche, wenn man auch andere Parameter berücksichtigt). Leider kennen wir aber in der gegenwärtigen Physik nichts dergleichen, was eine objektive Rechtfertigung (im strengen Sinn des Wortes) für die Existenz dieser Unstetigkeit zu geben erlaubte.

Literatur

Die hier angeführte Literatur ist dazu geeignet, ein detailliertes Studium gewisser wichtiger Aspekte der Quantenmechanik und der Theorie der Messung zu erleichtern. Das Verzeichnis ist jedoch keineswegs vollständig.

G	Allgemeines
MQEl	Quantenmechanik, elementare Darstellung
MQ	Quantenmechanik
MQAv	Höhere Quantenmechanik und Grundfragen
TM	Theorie der Messung
EPR	Paradoxon von *Einstein, Podolsky* und *Rosen*
IC	Kausale Interpretation und verwandte Theorien
S	Beziehungen zur statistischen Mechanik

1. TM, EPR — *Y. Aharonov* und *D. Bohm,* Nuovo Cim., 17, 964 (1960).
2. TM — *J. Albertsen,* Phys. Rev., 129, 940 (1963).
3. TM — *S. Amai,* Prog. theor. Phys., 30, 550 (1963).
4. TM — *H. Araki* und *M. Yanase,* Phys. Rev., 120, 622 (1961).
5. G — *P. Auger,* L'homme microscopique. Paris, Flammarion (1952).
6. MQEl — *J. Barriol,* Mécanique quantique. Paris, Presses Univ. de France (1964).
7. MQ; IC — *D. R. Bates* ed., Quantum Theory. New York und London, Acad. Press (1962).
8. EPR — *J. S. Bell,* Physics, 1, 195 (1964).
9. MQEl — *Y. Bernard,* Initiation à la mécanique quantique. Paris, Hachette (1960).
10. G — *B. Bertotti,* Nuovo Cim., Suppl. 17, 1 (1960).
11. MQAv — *D. Blokhintzev,* Uspechi fisich. nauk., 42, 76 (1950).

12. MQAv *D. Blokhintzev,* Uspechi fisich. nauk., 44, 104 (1951).
13. MQAv *D. Blokhintzev,* Grundlagen der Quantenmechanik. Berlin, Dt. Vlg. d. Wissenschaften (1963).
14. MQ; TM *D. Bohm,* Quantum Theory. Englewood Cliffs, N. J., Prentice Hall Inc. (1951).
15. IC *D. Bohm,* Phys. Rev., 85, 166 (1952).
16. IC *D. Bohm,* Phys. Rev., 85, 180 (1952).
17. IC *D. Bohm,* Causality and Chance in Modern Physics. Princeton, Van Nostrand Co. (1957).
18. IC *D. Bohm.* – Cf. Nr. 7.
19. EPR *D. Bohm* und *Y. Aharonov,* Phys. Rev., 108, 1070 (1957).
20. IC *D. Bohm* und *J.-P. Vigier,* Phys. Rev., 96, 208 (1954).
21. MQAv *N. Bohr,* Die Naturwissenschaften, 251 (1958).
22. EPR *N. Bohr,* Phys. Rev., 48, 696 (1935).
23. MQAv *N. Bohr,* Atomic Theory and the Description of Nature. London, Cambridge Univ. Press (1934).
24. G *N. Bohr,* Dialectica, 11, 314 (1947).
25. MQAv *N. Bohr,* Daedalus, 87, 164 (1958).
26. G; MQ *N. Bohr,* Atomphysik und menschliche Erkenntnis. 2 Bde. Braunschweig, Vieweg (1964, 1966).
27. G *N. Bohr,* ds. Max Planck Festschrift 1958. Berlin, Deutscher Verlag (1958).
28. MQAv *N. Bohr,* – Cf. Nr. 128.
29. MQAv *N. Bohr,* ds. Philosophy in the Mid-century, R. Klibansky ed., Florence, La Nuova Italia, 1958, t. I. – Deutsche Übersetzung in Naturwissenschaftliche Rundschau, 7, 252 (1960).
30. S *F. Bopp.* – Cf. Nr. 93.
31. G *M. Born,* Natural Philosophy of Cause and Chance. London, Oxford Univ. Press (1949).
32. MQAv *M. Born,* Kgl. Danske Videnskab. Selskab. Mat. Fys. Med., 30, (2) (1955).
33. G *M. Born,* Phil. quant., 3, 139 (1953).
34. MQAv *M. Born,* Zur statistischen Deutung der Quantentheorie, Stuttgart, E. Battenberg (1964).
35. MQAv *M. Born,* – Cf. Nr. 86.
36. G *P. Bridgman,* The Nature of Physical Theory, Princeton Univ. Press (1936).
37. G *L. Brillouin,* Nature (London), 183, 501 (1959).
38. IC *L. de Broglie,* Phys., 8, 225 (1927).
39. IC *L. de Broglie,* La physique quantique restera-t-elle indéterministe? Paris, Gauthier-Villars (1955).
40. IC *L. de Broglie,* Une tentative d'interprétation causale et non linéaire de la mécanique ondulatoire: la théorie de la double solution. Paris, Gauthier-Villars (1956).
41. TM; IC *L. de Broglie,* La théorie de la mesure en mécanique ondulatoire. Paris, Gauthier-Villars (1957).
42. IC *L. de Broglie,* J. phys. rad., 20, 963 (1959).
43. MQAv *L. de Broglie,* Étude critique des bases de l'interprétation actuelle de la mécanique ondulatoire. Paris, Gauthier-Villars (1963).
44. IC *L. de Broglie* und *L. Rosenfeld,* Nature (London), 181, 1814 (1958).
45. TM *C. W. Churchman* und *P. Ratoosh,* Measurement: Definitions and Theories. New York J. Wiley.
46. TM *A. Daneri, A. Loinger* und *G. M. Prosperi,* Nucl. Physics, 33, 297 (1962).
47. S *A. Datzeff,* C. R., 251, 1462 (1960).
48. S *A. Datzeff,* J. phys. rad., 20, 949 (1959).
49. S *A. Datzeff,* J. phys. rad., 21, 201 (1960).
50. G *R. Descartes,* Discours de la méthode (1937).
51. G *J.-L. Destouches,* Physique moderne et philosophie. Paris, Hermann (1939).
52. MQAv *J.-L. Destouches,* – Cf. Nr. 77.

53. MQAv *P. Destouches-Février,* La structure des théories physiques. Presses Univ. de France, Paris (1951).
54. MQAv *P. Destouches-Février,* C. R., 233, 1430 (1951).
55. MQAv *P.-A.-M. Dirac,* Less principes de la mécanique quantique. Paris, Presses Univ. de France (1931).
56. TM *L. Durand,* III. Phil. Sci., 27, (2) (1960).
57. G; MQ *A. Einstein.* – Cf. Nr. 128.
58. G *A. Einstein.* – Cf. Nr. 77.
59. IC *A. Einstein,* ds. Scientific Papers presented to Max Born. New York (1953).
60. EPR *A. Einstein, B. Podolsky* und *N. Rosen,* Phys. Rev., 47, 777 (1935).
61. G *F. Engels,* Herrn Eugen Dührings Umwälzung der Wissenschaft (Anti-Dühring). Berlin, Dietz-Verlag (1960).
62. TM *H. Everett,* III, Rev. Mod. Phys., 29, 454 (1957).
63. MQAv *U. Fano,* Rev. Mod. Phys., 29, 74 (1957).
64. TM *P. K. Feyerabend,* Zeit. Physik, 148, 551 (1955).
65. TM *P. K. Feyerabend.* – Cf. Nr. 93.
66. TM *P. K. Feyerabend,* ds. Frontiers of Science and Philosophy, *R. G. Colodny* ed., Univ. of Pittsburgh Press (1962).
67. G *M. Fierz.* – Cf. Nr. 93.
68. MQAv *V. Fock,* Czech J. Phys., 7, 643 (1957).
69. MQAv *V. Fock,* ds. Max Planck Festschrift 1958. Berlin, Deutscher Verlag (1958).
70. G *P. G. Frank.* – Cf. Nr. 128.
71. IC *H. Freistadt,* Nuovo Cim., Suppl. 5, I (1957).
72. MQAv *J. Frankel,* Uspechi fisich. nauk., 42, 69 (1950).
73. MQAv *J. Frenkel,* Uspechi fisich. nauk., 44, 110 (1951).
74. EPR *W. H. Furry,* Phys. Rev., 49, 393 (1936).
75. EPR *W. H. Furry,* Phys. Rev., 49, 475 (1936).
76. G *G. Galilei,* Dialogo dei massimi sistemi. Florenz, Ed. nationale (1890–1909).
77. MQ; TM *A. George,* Louis de Broglie, physicien et penseur. Paris, Albin Michel (1953).
78. TM *H. S. Green,* Nuovo Cim., 9, 880 (1958).
79. MQAv *N. R. Hanson,* The Concept of the Positron. London. Cambridge Univ. Press (1963).
80. MQAv *W. Heisenberg,* The Physical Principles of the Quantum Theory. New York, Dover (1930).
81. G. *W. Heisenberg,* Dialectia, 2, 331 (1948).
82. MQ; TM *W. Heisenberg,* Niels Bohr and the Development of Physics. Oxford, Pergamon Press (1955).
83. G *W. Heisenberg,* Naturwissenschaft, 45, 227 (1958).
84. MQ; G *W. Heisenberg,* Physique et philosophie. Paris, Albin Michel (1961). – Übersetzung von Physics and Philosophy; New York, Harper (1958).
85. MQ; G *W. Heisenberg,* Das Naturbild der heutigen Physik. Hamburg, Rowolt (1955).
86. MQAv; TM Werner Heisenberg und die Physik unserer Zeit. Braunschweig, Vieweg (1961).
87. MQEl *W. Heitler,* Elementare Wellenmechanik. Braunschweig, Vieweg (1961).
88. G *W. Heitler.* – Cf. Nr. 128.
89. EPR *L. Janossy* und *K. Nagy,* Ann. Physik, 17, 115 (1956).
90. TM *J. M. Jauch,* Helvetia physica acta, 33, 711 (1960).
91. TM *P. Jordan,* Phil. Sci., 16, 269 (1949).
92. TM *A. Komar,* Phys. Rev., 126, 365 (1962).
93. MQAv; TM Observation and Interpretation, Proceed. of the 9th Symposium of the Colson Research Society, *S. Korner* ed. London, Butterworths Scientific Publ.
94. MQAv *L. Kummel,* Nuovo Cim., 1, 1057 (1955).
95. MQAv *L. D. Landau* und *E. M. Lifschitz,* Quantenmechanik. Berlin, Akademie-Verlag (1966).
96. S *A. Landé,* Phys. Rev., 108, 891 (1957).

97. S *A. Landé,* Foundation of Quantum Theory. New Haven, Yale Univ. Press (1955).
98. S *A. Landé,* – Cf. Nr. 86
99. G *V. I. Lenin,* Materialismus und Empiriokritizismus. Berlin, Dietz-Verlag (1964).
100. MQAv; TM *F. London* und *E. Bauer,* La théorie de l'observation en mécanique quantique. Paris, Hermann (1939).
101. MQAv *G. Ludwig,* Grundlagen der Quantenmechanik. Berlin, Springer (1954).
102. TM *G. Ludwig,* Zeit. f. Phys., 135, 483 (1953).
103. TM *G. Ludwig,* Zeit. f. Physik, 150, 346 (1958).
104. TM *G. Ludwig,* Zeit. f. Physik, 152, 98 (1958).
105. TM *G. Ludwig.* – Cf. Nr. 86.
106. G *A. March.* – Cf. Nr. 77.
107. G *H. Margenau,* The Nature of Physical Reality. Nw York, McGraw Hill (1950).
108. G *H. Margenau.* – Cf. Nr. 128.
109. MQAv *H. Margenau,* Phil. Sci., 30, I (1963).
110. TM *H. Margenau,* Ann. Phys., 23, 469 (1963).
111. MQAv *H. Margenau* und *R. N. Hill,* Prog. Theor. Phys., 26, 722 (1961).
112. MQAv *A. Messiah,* Mécanique quantique, Paris, Dunod (1959).
113. G *E. Meyerson,* Réel et déterminisme dans la physique quantique. Paris, Hermann (1933).
114. MQAv; TM *J. von Neumann,* Les fondements mathématiques de la mécanique quantique. Paris, Presses Univ. de France (1950).
115. G *I. Newton,* Principicia (1687).
116. IC *W. Pauli,* – Cf. Nr. 77.
117. ReP *A. Peres* und *P. Singer,* Nuovo Cim., 15, 907 (1960).
118. IC *G. Petiau,* C. R., 239, 344 (1954).
119. G *H. Poincaré,* La science et l'hypothése. Paris, Flammarion (1917).
120. G *M. Polanyi.* – Cf. Nr. 93.
121. G *K. R. Popper.* – Cf. Nr. 93.
122. G *H. Reichenbach.* – Cf. Nr. 77.
123. MQAv *M. Renninger,* Zeit. Phys., 136, 251 (1953).
124. TM *M. Renninger,* Zeit. Phys., 158, 417 (1960).
125. MQAv *L. Rosenfeld.* – Cf. Nr. 77.
126. MQAv *L. Rosenfeld.* – Cf. Nr. 93.
127. G *B. Russell,* Our Knowledge of the External World. New York, Norton (1929).
128. MQAv *P. Schilpp* ed., Albert Einstein: philosopher – scientist. Evanston, Libr. of Living Philosophers (1949).
129. G *E. Schrödinger,* Science Theory and Man. New York, Dover (1935–1937).
130. TM *E. Schrödinger,* Naturwissenschaften, 23, 483 (1935).
131. TM *E. Schrödinger,* Naturwissenschaften, 23, 807 (1935).
132. G *E. Schrödinger,* Phil. Sci., 3, 109 (1952).
133. G *E. Schrödinger,* Nature (London), 173, 442 (1954).
134. G *E. Schrödinger,* Nuovo Cim., 1, 5 (1955).
135. G *E. Schrödinger,* Geist und Materie. Braunschweig, Vieweg (1965).
136. MQAv; TM *A. Shimony,* Am. J. Phys., 31, 755 (1963).
137. TM *G. Süssmann,* Bayer. Akad. Ber. München, H88 (1958).
138. TM *G. Süssmann.* – Cf. Nr. 93.
139. IC *T. Takabayachi,* Prog. Theor. Phys., 9, 187, (1953).
140. TM *E. Teller.* – Cf. Nr. 86.
141. G; MQ *M.-A. Tonnelat.* – Cf. Nr. 77.
142. G *L. Tisza,* Rev. mod. Phys., 35, 151 (1963).
143. MQAv *L. Van Hove,* Physica, 23, 441 (1957).
144. MQAv *L. Van Hove,* Physica, 21, 517 (1955).

145. MQAv *L. Van Hove*, Physica, 25, 268 (1959).
146. IC *J. Vigier*, C. R., 233, 1012 (1951).
147. TM *Wakita*, Progr. Theor. Phys., 23, 32 (1960).
148. TM *Wakita*, Progr. Theor. Phys., 27, 138 (1962).
149. IC *J. P. Wesley*, Phys. Rev. 122, 1932 (1961).
150. TM *E. P. Wigner*, Zeit. f. Phys. 133, 101 (1952).
151. TM *E. P. Wigner*, ds. The Scientist Speculates, I. J. Good ed., London, Heinemann (1962).
152. TM *E. P. Wigner*, Am. J. Phys., 31, 6 (1963).
153. IC; TM *I. I. Zinnes*, Am. J. Phys., 26, 1 (1958).

»

Von Galilei bis Einstein

Entwicklung der physikalischen Ideen

von **B. G. Kuznecov**

(Aus d. Russ. übers. von G. Buchheim u. S. Wollgast.) Hrsg. von S. Moser u. S. J. Schmidt. Mit 2 Abb. u. 1 Tafel. – Braunschweig: Vieweg 1970. 387 S. DIN C5 (Wissenschaftstheorie – Wissenschaft und Philosophie. Bd. 5.) gbd. 38,– DM

ISBN 3 528 **07305** 5

Inhalt: Heliozentrismus und Beginn des mechanischen Weltbildes – Kinetik – Dynamik – Die analytische Mechanik und das Prinzip der kleinsten Wirkung – Die Erhaltung der Energie – Irreversibilität – Die Nahwirkung – Relativität – Quanten – Die klassische Physik in der Sicht der relativistischen Quantenkonzeption – Personenverzeichnis.

Der bekannte russische Wissenschaftler unternimmt in diesem Buch eine historische Analyse der klassischen Physik, wobei er von der quantentheoretisch-relativistischen Position aus vorgeht.

Mit diesem Werk erhält nun auch der deutsche Leser zum ersten Mal eine geschlossene Darstellung der Entwicklung der physikalischen Ideen der Neuzeit.

» **vieweg**

» **Quantentheorie**

Einführung und Originaltexte.

Von D. ter Haar. Herausgegeben von Adolf Kühnel. Mit 15 Abbildungen und 2 Tabellen. – Braunschweig: Vieweg 1970. 255 Seiten. 11 X 18 cm (WTB-Wissenschaftliche Taschenbücher/Texte. Band 56.) Paperback 13,80 DM

ISBN 3 528 0**6056** 5

Nach einer fundierten knappen Einführung, die mit den grundlegenden Gedanken der Quantentheorie bis zur Entwicklung der Wellenmechanik vertraut macht, läßt der bekannte Oxforder Physiker D. ter Haar die Forscher Planck, Einstein, Rutherford, Bohr, Franck und Hertz sowie Pauli mit ihren epochemachenden Originalarbeiten zu Wort kommen. Dieser zweispurige Weg (Einführung und Originaltexte) eignet sich wie kein anderer, den Spürsinn für die Zusammenhänge einer physikalischen Theorie zu wecken.

» **Wellenmechanik**

Einführung und Originaltexte.

Von Professor Dr. Günther Ludwig. Mit 1 Abbildung. – Braunschweig: Vieweg 1969. 264 Seiten. 11 X 18 cm (WTB-Wissenschaftliche Taschenbücher. Band 55.) Paperback 12,80 DM

ISBN 3 528 0**6055** 7

Es gibt keinen besseren und kürzeren Weg, das Verständnis für die Zusammenhänge der Quantentheorie zu finden, als das Studium der wichtigsten Originaltexte in Verbindung mit einer gut fundierten Einführung. Diesen Weg geht auch Günther Ludwig mit seinem Buch „Wellenmechanik". Er stellt W. Heisenberg, M. Born, P. Jordan einerseits und L. de Broglie, E. Schrödinger andererseits mit ihren genialen Arbeiten vor.

» **vieweg**

»

Atomphysik und menschliche Erkenntnis

Von Niels Bohr

Band I: Aufsätze und Vorträge aus den Jahren 1933 bis 1955. Herausgegeben von W. H. Westphal und H. Rotta. Mit 8 Abbildungen und 1 Porträt. 2. Auflage. – VII, 104 Seiten. DIN A 5 (Die Wissenschaft. Band 112 – Studienausgaben.)
Paperback 11,80 DM
ISBN 3 528 0**7112** 5

Inhalt: Licht und Leben – Biologie und Atomphysik – Erkenntnistheoretische Fragen in der Physik und die menschlichen Kulturen – Diskussion mit Einstein über erkenntnistheoretische Probleme der Atomphysik – Einheit des Wissens – Die Atome und die menschliche Erkenntnis – Die Physik und das Problem des Lebens.

Band II: Aufsätze und Vorträge aus den Jahren 1958 bis 1962. Herausgegeben von W. H. Westphal und H. Rotta. – VIII, 102 Seiten. DIN A 5 (Die Wissenschaft. Band 123 – Studienausgaben.) Paperback 14,80 DM
ISBN 3 528 0**7123** 0

Inhalt: Atomphysik und Philosophie, Kausalität und Komplementarität – Die Einheit menschlicher Erkenntnis – Die Verbindung zwischen den Wissenschaften – Licht und Leben-noch einmal – Rutherford-Gedenkvorlesung 1958: Erinnerungen an den Begründer der Kernphysik und an die von seinem Werk ausgehende Entwicklung – Die Entstehung der Quantenmechanik – Die Solvay-Konferenzen und die Entwicklung der Atomphysik.

» **vieweg**